万物闪耀

李元胜博物旅行笔记

李元胜　著

重庆大学出版社

图书在版编目（CIP）数据

万物闪耀：李元胜博物旅行笔记 / 李元胜著.
-- 重庆：重庆大学出版社，2022.5
（好奇心书系.荒野寻访系列）
ISBN 978-7-5689-3041-3

I. ①万… II. ①李… III. ①博物学—普及读物
IV. ①N91-49

中国版本图书馆CIP数据核字（2021）第240019号

万物闪耀

李元胜博物旅行笔记

WANWU SHANYAO

LIYUANSHENG BOWU LÜXING BIJI

李元胜 著
策划编辑：梁 涛
策 划：鹿角文化工作室
责任编辑：李桂英 版式设计：周 娟 贺 莹
责任校对：刘志刚 责任印制：赵 晟

*

重庆大学出版社出版发行
出版人：饶帮华
社址：重庆市沙坪坝区大学城西路21号
邮编：401331
电话：(023) 88617190 88617185（中小学）
传真：(023) 88617186 88617166
网址：http://www.cqup.com.cn
邮箱：fxk@cqup.com.cn（营销中心）
全国新华书店经销
天津图文方嘉印刷有限公司印刷

*

开本：720mm×1000mm 1/16 印张：11.5 字数：173千
2022年5月第1版 2022年5月第1次印刷
印数：1-5000
ISBN 978-7-5689-3041-3 定价：68.00元

目录

contents

花语摄

contents

徒步双河谷

一

几年前的一个隆冬，第一次来十二背后双河谷时，我就吃了一惊。西南山地的各种地域环境，我也算见得不少，但双河谷的奇峰、清溪、黔北民居以恰到好处的比例，形成宛如仙境的美妙组合，还是给了我极大的震撼。没想到，就在贵州遵义的绥阳，就在重庆附近，还藏着这么好的一个去处。

◆ 双河客栈

◆ 徒步考察十二背后的张巍巍

我记得，就在门前有一棵紫薇树那个客房里，前来采访的小穆姑娘问我还会不会再来十二背后。“要来啊，很快就要来。”我很肯定地说，凭我的经验，双河谷不仅景色不错，还应该是寻访蝴蝶的绝佳地方，其他有趣的动植物，也应该不少。

回到重庆后，我就开始研究十二背后的资料，发现原来著名的观鸟圣地宽阔水国家级自然保护区，就在面积达600平方公里的十二背后旅游区的腹地。我当时非常心动，600平方公里，徒步考察一年，线路也不会重复吧。

再次动身已是2020年，因为这期间有了一个完整考察西双版纳勐海县的机会，我能动用的时间，差不多花在了那片野性的热带雨林中，直到完成《昆虫之美：勐海寻虫记》一书。

这次，本来是一个诗友们的观光及茶叙之旅，但正逢六月，是很棒的野考时段，我动员了好友、著名昆虫学家张巍巍同行（跟着他到野外，往往事半功倍）。我们的装备也算是武装到了牙齿，我仅微距镜头就带了三支，闪光系统带了两套，还有调查野生鱼类用的网箱。张巍巍比我更狠，装备塞满了一个超大的箱子，连拍摄水下鱼虾的专用仪器都带上了。

在双河客栈前下车，然后步行到我们要住的客房，我还记得那一小段光彩夺目的时间，不像是走在贵州山区，而像是走进了一个巨大的有着透明屋顶的蝴蝶园，不过一百多米的路段，我就见到了各种蝴蝶飞来飞去，玉斑凤蝶、碧凤蝶、二尾蛱蝶、枯叶蛱蝶、虎斑蝶……它们多数在我们头顶或远处的溪流上空飞过，只是蝴蝶园太大，更多的种类看不清楚。就是说，即使是住宿地附近，也足够我花几天时间来观察和拍摄蝴蝶了。我拖着箱子，兴奋地快步走着，箱子的轮子摩擦出从未有过的激动的声音。我只想把行李往房间里一扔，就出来追踪蝴蝶。

但真正在住宿地附近调查蝴蝶，已经是后面几天的事。我们要趁天气好，把双河谷附近的自然环境，用走马观花的方式“摸底”一下。特别是包裹在旅游区里的宽阔水国家级自然保护区，其核心区、实验区和缓冲区，各自有着怎样的植被和生态，决定着这个区域的自然考察价值（对我来说，直接决定着如何规划自己在十二背后自然考察的时间分配）。

下午两点，我们的车已接近宽阔水国家级自然保护区，一直盯着窗外看的我，忍不住突然叫停，因为盘旋而上的山路右边，出现了一块空地，这是一个天然的观景平台，但我不是为了观景——空地里出现了好几只蝴蝶。

我和张巍巍从两扇车门分别轻手轻脚下了车，迅速进入了空地。

靠空地右边缘的一只蝴蝶，起起落落，我瞥了一眼，像是一只带蛱蝶，种类不明。空地中间那一只，颜值颇高，翅膀似乎是浅黄色的，质地柔软如绢。我让相机贴着地面移动，慢慢接近这只蝴蝶，因为按通常的拍摄，举起相

◆ 拟斑脉蛱蝶

机的动作，足以惊飞它。我使用的是微单相机，显示屏可旋转，相机贴着地面移动的时候，我不必趴下去。相机快进入有效拍摄位置时，它突然轻盈地飞了起来，没有任何预兆，没有任何准备动作。我全身一动不动，像一截搁置多年的木头。果然，正如我的判断，它又回到了刚才停留的岩石上，愉快地用长长的喙吸食起来。我克制住心情，稳定地开始拍摄，其间不停地变化角度和参数。确信拍好后，我又缓慢地从岩石后退出，给张巍巍保留观察和拍摄的机会。后来查阅资料，是拟斑脉蛱蝶，这种蝶特别多型，但如此漂亮的色型我还是第一次见到。

就在这里，我观察到五种蝴蝶，除了这两只，还有一只青凤蝶属的，一只灰蝶，可惜都没能完成拍摄。第五只我刚开始以为是绢粉蝶，飞得诡异，就在平台边缘的灌木里扑闪着，从不停留。我目不转睛地盯着它，确认是一只蛱蝶，因为绢粉蝶翅膀上的骨骼比较纤细，飞起来柔和缓慢，而蛱蝶翅膀更为强劲，所以扑闪的时候有力而迅速。白色的蛱蝶，又是中等个头，应该是白蛱蝶属的种类吧，我很遗憾地想着，能在野外拍到白蛱蝶的机会太少了。

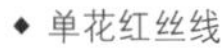

◆ 单花红丝线

◆ 血水草

记录完蝴蝶后，我们又在山路另一边的山崖上有了发现，在很小的范围内，我就发现了三种百合属的种类，其中一种不知被谁扯了下来扔在路边。从它们的叶片，我很容易认出其中两种，分别是百合和野百合。另一种很矮小，叶片却很陌生，应该是我不认识的种类。

◆ 野生猕猴桃

只是非常随机地停了一下车，粗略地观察一番，就有这么多发现，我们对十二背后的物种丰富性，迅速增加了信心。

车继续前进，在保护区的关卡前停了下来。和所有保护区一样，进入有着严格的管理。在同行的朋友完善手续的时候，我在建筑附近观察蝴蝶，这一次，看到的是一些常见的蛱蝶和粉蝶。我于是转而看植物，不一会儿，就记录了五六种。其中的茄科植物单花红丝线，有着秀气的叶子，叶子背面有着紫色叶脉，细藤上精致的花朵低调地朝着下方。这类植物，能让人瞬间安静，生出想要保护它的怜意来。

进入保护区后，我们几乎驾车走完了所有能进入的车道，对宽阔水有了一个基本印象。车只有几次短暂停留，就这样，我的相机也格外忙碌，可记录的野花实在是太多了。比如，布满一个山坡的罂粟科植物血水草，正值花季；比如，布满天空的野生猕猴桃的花朵，宛如积雪；比如，林道两侧的荚蒾属植物把花开在阴影中；比如，造型古怪的狗筋蔓花，挂在灌木丛中，宛如一盏盏小宫灯……六月的宽阔水，就像一个有着无穷无尽奇异植物的万花筒，只要稍稍转动一下，你就能看到完全不同的东西。我后来大致统计了一下，记录的正在开花的植物多达 16 种。

当天晚上，我们开始了双河谷的第一次灯诱，可惜效果并不好，可能是选择的位置，虽然看上去不错，但实际很受客栈灯光群的影响。

闲得有点无聊的我提议随便走走，进行不那么严肃的夜探。我们只带了最少的装备，打着手电，往景区出口方向慢慢走过去。后来才知道，我们选的方向彻底错了。如果要在双河谷夜探，无论从哪个方向，都比我们那天晚

扁刺蛾幼虫

上走的线路要好。我们的线路，刚好是在客栈区的人工绿化植物范围内走了一圈。拍了一些照片，我感兴趣的物种是一只扁刺蛾的幼虫，它长得实在太不像地球生物了。

◆ 双河谷的第一次灯诱现场

回到灯诱处，发现灯下还是有些客人光顾了，有一些蜉蝣、金龟子什么的安静地停在白布上。我们无动于衷地看了一会儿，感觉有点失败。拯救双河谷灯诱首秀的，是一只螳螂。它可不是常见的刀螳之类，而是鼎鼎有名的巨腿螳。它的捕捉足夸张地膨大，舞动起来时，像极了戴着拳击手套的拳击运动员。要看到巨腿螳并不容易，这么多年的野外考察，我只遇到过三次。

◆ 灯诱来的巨腿螳

第二天，我们按计划进洞考察。双河谷负责软探险的教练给我们推荐的是山王洞。进山王洞，须经过双河洞（亚洲最长溶洞）洞口附近，再往左循山路拾级而上。

这一路植被保持着野生状态，才走几十米，张巍巍就感叹道，昨晚应该来这里夜探啊。我笑着回应："不急，我们有的是机会来。"

走着走着，我四处张望的目光突然停在了右边的岩石上，那里竟然开着一大堆紫色的花朵。苦苣苔科唇柱苣苔属的。我嘀咕了一声，就凑上去仔细观察。我第一眼以为是牛耳朵——一种高颜值的药材，它们的叶很像，但是我没有找到牛耳朵的招牌：那一对迎风招展的耳朵形苞片。所以，这是一种我没见过的唇柱苣苔。我一边拍摄，一边观赏，和它的族人低调整齐的花序不一样的是，它壮硕的花朵东倒西歪，肆意开放，有一种洒脱不拘的自由之美。

按教练的要求，老老实实地戴好头盔后，我们终于进洞了。在宽敞的洞壁上方，密布着蝙蝠群，白天是它们休息的时间，它们倒悬在岩子上，像

◆ 唇柱苣苔属

一些熟睡了的果实。

有蝙蝠，这算个好消息吧，岩洞里生态脆弱，维生资源稀少，但蝙蝠却是维生资源中非常重要的存在，它们的排泄物给真菌提供了额外的营养，真菌供养着植食性昆虫，然后，才可能有肉食性动物生存。至少，旱洞是这样的。

◆ 灶马

张巍巍对洞穴生物比较熟悉，我跟在他后面，毫不费力地记录着物种。灶马，绝对是洞穴生物中的明星，数量多，颜值高。和洞外的同类相比，洞穴种类身体颜色浅至半透明，而触角和足则格外纤长（在视力无用的情况下，它们需要发展出更强的感知空气及其他环

◆ 马陆

◆ 山王洞的蝙蝠

◆ 李元胜在洞穴中考察 陈宇洛摄

境的能力)。我们拍到了两种马陆,马陆从来无颜值可言(球马陆除外),但这两种都称得上精致剔透,宛如名家设计的手链。

一个多小时的进洞考察,我还经历了一次险情,那是进入主洞旁的小洞拍摄,拍得太投入,离开时已忘记了身处小洞,习惯性地站起身来,结果头盔被倒悬的钟乳石重重地撞击了一下。我吓了一跳,感觉到头部的痛不太明显,连呼万幸,如果中途脱下笨重的头盔,那结果就会是灾难性的了。

中午,匆匆吃完饭的我们又出发了,下午的计划是溯溪考察,当地朋友推荐的是双河谷景区边缘一条无游客光顾的溪谷。一下车,我们就感觉时间安排有点问题,此刻头悬烈日,溪谷两边的植被多为灌木,我们基本暴露在强烈的阳光中。如果上午走溪谷,中午进洞,岂不完美?

只是这么讨论了一下,我们就被蝴蝶吸引住了。我们先是走错了路,误入一条小道,出来的时候,有一只蝴蝶在我们头顶一掠而过,一团蓝光稍纵即逝,这是少数蝴蝶的翅膀才会有的结构色的特点啊。大紫蛱蝶!我脱口而出。同时向头顶举起相机瞄准,在一片浓荫里找到了它,果然是大紫蛱蝶。大紫蛱蝶是著名的观赏蝴蝶,中国和日本都有分布,日本把它奉为国蝶。其雄蝶的翅膀有明显的结构色,适当角度的光线照耀时,前后翅都会出现一团美丽的蓝色。大紫蛱

◆ 大紫蛱蝶

◆ 曲纹蜘蛱蝶

蝶虽然分布广，除了我国东北、台湾的部分地区，要在野外找到并不容易。

我们回到正确的路上，继续前行。一路中小型蝴蝶不少，我目击了13 种，拍到了其中的 4 种，其中的曲纹蜘蛱蝶和银灰蝶是我很喜欢的。此时，同行的人都不耐烈日，躲到树荫下休息了。我感到很不尽兴，独自又往前走了500 多米才折回，和大家会合后一起撤离。

第三天，我和张巍巍按下蠢蠢欲动的想继续野外考察的念头，和同来十二背后的文朋诗友们一起喝茶聊天。当然，他们休息的时间，我用来在双河客栈附近寻找蝴蝶。和以往寻访蝴蝶的艰苦经历比起来，这次活动休闲轻松到“令人发指”，而收获却十分惊人。我迅速把我这次到十二背后目击蝴蝶的记录增加到30 多种，特别让我惊喜的是，就在我所住的客栈院子里，飞来了一只我从未见过的蛱蝶：银白蛱蝶。它停留的地方都很高，很难拍摄，我索性在院子一角安静地坐下，

◆ 银白蛱蝶

◆ 杨家沟

慢慢看它是如何巡视四周，如何寻找可以吸食的潮湿地方的，这个过程足足持续了10多分钟，直到它离开。

当天晚上，我们所携带的水下装置终于用上了。晚餐是贵州风味，我收集了一些骨头和米饭，作为诱饵放到陷阱——一种小型的长方体网箱里。天黑以后，我们把陷阱放进了溪流中。做完了这一切，我们仍然没有把握。虽然判断溪流中应该有鱼虾，但是白天的数次经过，在透明的溪水里，我们连一条小鱼也没看见过。

我蹲在那里，睁大双眼，用手电光扫射着陷阱附近，刚开始，的确什么也没有。几分钟之后，有一些条形黑影靠近了网箱，看来，白天躲在石头缝里的鱼出来了，它们好奇地围着网箱转悠，在寻找入口。

“你用了啥诱饵？”张巍巍问我。

“贵州风味版饵料！”我说。

又过了几分钟，小小的网箱周围已不是黑影，而是团团乌云。网箱里不时有银光闪过，那是鱼抢食时扭动身体才会出现的情景。

“里面多不多？”张巍巍问。

此时，网箱里银光已经如烟花绽放，十分热闹。我来不及回答他了，伸手就把网箱拉出了水面，我们只是考察，不是抓鱼，鱼抓得太多，我还真不知道怎么办。

愉快的抓鱼活动不到半小时就宣告结束，枯燥的拍摄开始了，如果没有高清照片，就不可能通过网络去获得鱼类专家们的鉴定。拍摄结束的时候，已是深夜，鉴定也差不多同时出来了，除了虾类和幼体的鱼苗，我们抓到的十多条鱼全是一个种类：宽头林氏鲃，一种分布范围很窄的珍稀鱼类。

◆ 宽头林氏鲃

二

回到重庆，处理完必需的工作后，我就迫不及待要再去十二背后。但那是一个气候很不寻常的夏天，在任何一天查看天气，永不停歇的雨，都在日历上占据着我们的未来。整个中国西南，都似乎被同一场无休止的雨紧紧裹住，无法挣脱。

好不容易，在天气预报里发现绥阳县即将出现两个无雨天，我马上联络张巍巍。他直接表示拒绝，说雨天没法干活。十多年前，我们一起去重庆永川乡下看蝴蝶，那时来自北京的他对南方的潮湿一无所知，竟然大摇大摆走上长满青苔的水泥地，我们目瞪口呆地看到他脚下一滑，身体几乎是平行地砸下来，发出一声闷响。我们从小就这样摔过，或者说，就是这样摔着长大的。但是太晚的成长更有可能留下阴影——我花了很多时间说服他，他才勉强同意了。

我们在预报的两个无雨天的前一天黄昏到了双河谷，放好行李后，就来到餐厅，那是一幢漂亮的建筑，空间高大，三面墙都几乎是玻璃窗。本该坐下

◆ 被拯救的二尾蛱蝶，没有急于飞走，而是吸食起来。

吃饭，我们两个却一直仰着脸望着屋顶，原来，雨季中的餐厅，成了这一带蝴蝶的避难所。慌不择路的各种蝴蝶进入后，却并不容易找到大门飞出，最终被困在这里，形成了奇特而炫目的景观。墙和屋顶上至少有 20 多只蝴蝶，种类也十分丰富。

我们匆匆吃完饭，就去取捕网。不只是为了拯救这些被困的蝴蝶，毕竟，晚上拍摄和记录蝴蝶的机会还是不多的。我们等用餐的客人走完后，就开始工作。张巍巍的网捕技术是童子功，早就修炼到专家级。他在布满吊灯的餐厅高举捕网，左抄右扣，精妙迅疾，犹如奔马踏过堆满瓷器的街道，速度不减却不伤分毫。

除了飞得太高的，多数蝴蝶都被我们收了，这些在室内扑腾得太久的蝴蝶，都有点残破，我们在室外放飞时，有些蝴蝶并没有立即飞走，给了我们拍摄的机会。这些机会白天不可能有，比如二尾蛱蝶，我无数次偶遇，都只能拍到它们的翅膀反面。而张开翅膀却不急于飞走只顾低头吸食的这一只，给了我这个机会。被困在餐厅的二尾蛱蝶有十只左右，其他的蝴蝶是玉斑凤蝶、碧凤蝶、枯叶蛱蝶、睇暮眼蝶等。

◆ 睇暮眼蝶

◆ 龙塘子的植被

次日,我们的目标是龙塘子天坑。此处距双河客栈很近,但道路险峻狭窄。开出村庄后,车迅速进入林区,一路上的植被都非常好。相关地质考察已探明,龙塘子天坑底部是一条地下河,由于河的顶部日积月累的坍塌,形成了一个椭圆形的天坑,四周皆有百米绝壁,绝壁上原始植被完好。

我们的车停在了天坑的顶部,久雨初晴,泥石路格外湿滑,我们小心地沿着已不明显的小路,慢慢向下走,同时仔细搜索着路边的灌木。同行的还有重庆来的陈袁媛,她的工作是给十二背后旅游区做视频方案,野外的一切都让她兴奋,她的卡片机几乎一直在拍。

◆ 圆纹广翅蜡蝉

突然,我在灌木后面的崖壁上,发现了一只广翅蜡蝉,西南山地的同类很多,所以我第一印象是八点广翅蜡蝉或者缘纹广翅蜡蝉,这两个种也比较相似。要走过去,需要踩进满是雨水的草丛,我有点犹豫,毕竟这两个都是太常见的物种。我得感谢自己的谨慎,又定睛看了一阵,不由心中微动,这一只似乎个体更大,翅上的透明斑界限分明。“有一种我没见过的广翅蜡蝉!”我轻呼了一声,就靠了过去。后来确认这是圆纹广翅蜡蝉。

这真是一个美好的开始,在接下来的半小时里,我们又记录了不少物种。“吊灯花!”走在前面的我又轻呼了一声。萝藦科的植物都有着奇诡的花朵,吊灯花属的还略有例外,它们的花几乎都有着一种超脱的优雅。这一种吊灯花并不像它的家人那样胡乱攀爬,而是喜欢爬到高处,再把纤巧

◆ 短序吊灯花

◆ 蚂蟥七

的藤轻盈地垂下来。从它极短的花序梗，我判断它就是短序吊灯花，中药材名叫小鹅儿肠，除了贵州外，只有云南有分布。

在我围着头顶的短序吊灯花打转的同时，张巍巍也有了发现，他几乎守着几堆悬钩子藤没动，不停地拍摄着体型很小的昆虫。就在这过程中，他在一片悬钩子叶上看见了一只瓢蜡蝉。听到他的召唤，我拔腿就往回跑。这是一只星斑圆瓢蜡蝉，属于小型种类，体卵圆形，翅黑色带黄色斑点，特别像瓢虫。我曾在贵州荔波县的茂兰保护区的一角，多次发现并拍到这个种类，原来黔北的十二背后也有。

拍完瓢蜡蝉后，我们继续往前，但前面的路已变得很陡峭。我想继续往下，陡峭的路下面，郁郁葱葱的谷底似乎对我有着无穷的诱惑。张巍巍挥了一下手，表示对我的鼓励，然后转身面无表情地往回走，继续搜索那些超小的昆虫。

◆ 星斑圆瓢蜡蝉

我把相机收回了双肩包里，集中精力来走这段又滑又陡的路，有几次都差点

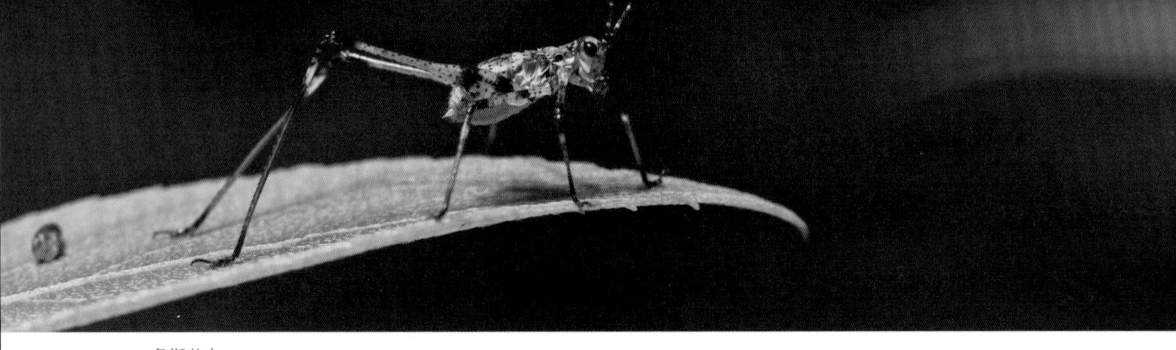

◆ 螽斯若虫

摔跤，好在总路程不长，只用了20多分钟，我就来到了谷底。对面，有一帘瀑布从近百米的高山上悬垂而下，水声潺潺，谷里的路非常好走，我取出相机，准备寻找蝴蝶，但脸上头上，却有凉凉的水滴下来。我仰着头，看了看天，这个感觉很像站在一个敞口玻璃瓶的瓶底看上面，天阴了，似乎要下雨。难怪这么好的环境里没看到蝴蝶，我叹了口气，又把相机放回背包，赶紧往回走。

还不到11点，我们就结束了天坑的初次探访，就这么差的天气，我们也发现并拍到了很多物种，龙塘子天坑太适合徒步考察了，这是我们一致的结论。

中午，本来想奢侈地午休一下，但吃完饭回到房间，简要写了点考察笔记，又整理了一下器材，发现窗外竟然阳光灿烂。哪里按捺得住，连续一个月的雨天早就快把我憋疯了，提上相机，兴冲冲地出了门。我早就发现了客栈竹林后面藏着一条只有工作人员才能进入的小道，似乎那里还有几个鱼塘。凭经验应该是个蝴蝶喜欢的地方。

这条路比我预估的还要好。没走几步，就在路边发现了两种豆娘，拍到其中的黄纹长腹扇蟌，胸部无黄色条纹，所以是雄性。接着，我的脚步惊起一只硕大的豆娘，它像一架小型直升机，稳定地盘旋了一阵，就在水塘边缘停下了。我的心怦怦直跳，感觉是从未见过的种类。不敢靠得太近，我远远地按了一张，然后在显示屏上放大研究，认出是赤基色蟌的雌性，它全身闪耀着金属光泽，还是挺漂亮的。赤基色蟌是超敏感的种类，我没指望能拍到好的照片，所以稍作尝试就放弃了。当天晚上我找到了一只，它正隐藏在树丛里休息，才很轻松地拍到一张，这是后话。

◆ 黄纹长腹扇蟌（雄）

◆ 赤基色蟌（雌）

继续往前走，就在两个鱼塘之间的窄堤上，我看到了惊人的场面：足足有20多只二尾蛱蝶分散在长条形的区域里，直把那里变成了色彩闪动的闹市。我小心靠近，几乎没有惊动它

◆ 二尾蛱蝶：新旧翅膀交错，触目惊心

们——仅有一只受到干扰飞走，心满意足地看着眼前的一切，这是我最喜欢的景象。我拍了几张，才轻手轻脚离开。略有不满足的是，它们并没有凑在一起形成密集的蝶群，而是均匀分布在整个区域里，我无法拍到蝶群照片。

我又花了一些时间，继续记录这条路上的其他昆虫，这个过程中，不时有枯叶蛱蝶被我惊起，但没有得到特别好的机会，我拍了几张，又回到路边的草丛和灌木上。拍着拍着，四周暗了下来，下午三点多的天色竟如黄昏，接着，硕大的雨点砸了下来。我只好悻悻地往回走，半路上，碰到了午休后刚出来的张巍巍，我有点同情——他完美地错过了二尾蛱蝶的盛况。

◆ 客房门前发现的枯叶蛱蝶

◆ 尖胸沫蝉

雨越来越密，我们站在客房的门前聊天，聊这一个多月来的连续雨天。我的目光无意识地掠过门前的一棵柠檬树时，发现浓密的枝叶深处，树干上有什么极为微弱地抖了一下，心里不禁一动。这算是职业的敏感吧，我能分辨出风雨中的自然抖动和一个生命主动抖动的区别。我把依惯性移开的目光迅速拉回来，死盯着那个方向，然后，一切恢复了平静，什么也没有。我不甘心地走出屋檐，把头伸进了柠檬树的枝叶，就像是奇迹，我发现，我的额头差点碰到了一只枯叶蛱蝶——它正在树干上悠闲吸食树的分泌物。这家伙真聪明啊，居然找到了这个既能躲雨又有食物的地方。

我无声无息地退回房间，拿上相机就回到树前。

“天哪，这你都能看到。”张巍巍也凑了过来，打量了一下，非常高兴。能这么方便地观察和拍摄枯叶蛱蝶，的确太让人高兴了。

这个插曲之后，我们又回到了雨天的沉闷里，雨一直下到晚上八点多才停。我们仍然很开心，总算能夜探了。

这一次，我们选的是客栈通往双河洞的道路。我们得非常小心，因为时常有螃蟹横穿道路，太容易踩到它们。右侧的灌木上，昆虫正抓紧下雨的间隙大吃大喝，饥饿使它们对外界相当麻木。

◆ 螽斯

“这里太适合带小朋友夜探了，安全，可观察的物种多。”我一边拍一边说。物种的确很丰富。除了十多种昆虫，还有螃蟹、蛙类和蜗牛。

“关掉手电。”张巍巍突然说。我们都关掉了手电。当眼睛适应黑暗后，我们看到，在高高垂下的悬钩子和地面之间，有一些闪烁的光亮，如同小小的灯盏在空气中飘浮着。这是萤火虫的时刻，它们依循同类异性才懂的密码，展示着性的魅力。在野外，不管你处在什么样的状态里，闪烁的萤火虫总能

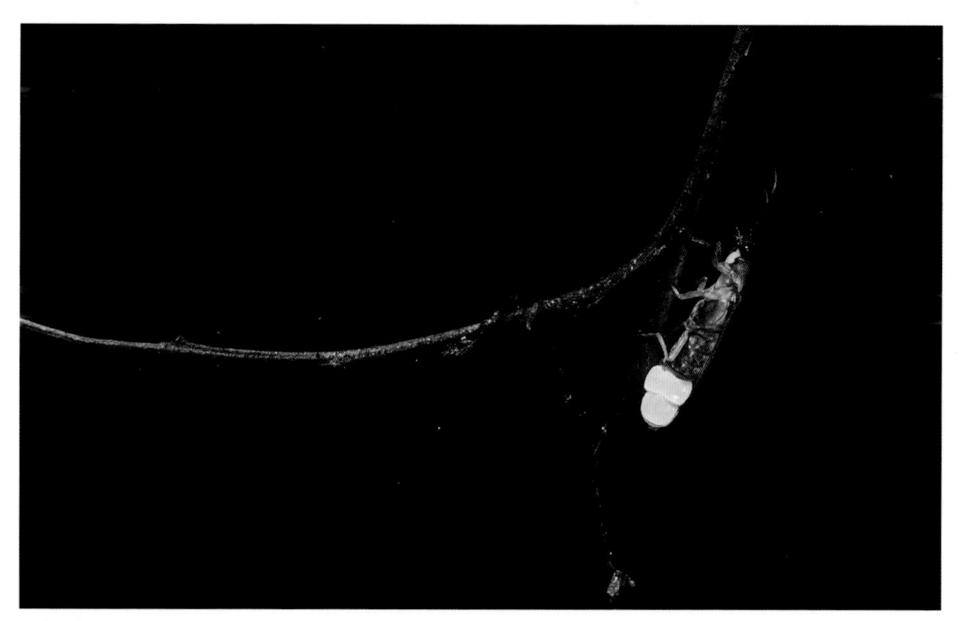

◆ 萤火虫

带给你特别的宁静，也让我们的脚步在那段时间里走得特别轻，像是不愿失去这样的宁静。

第三天上午，我们集体去晶花洞寻找洞穴生物，这是我一直想去的一个洞。此洞未向外界开放，我从资料上看到，洞中有各种形态的石膏晶花，有的像纤维，有的像轻絮，有的如曲尺，简直美得不像话。经过申请，旅游区同意我们进去考察。

晶花洞的洞口在另一个天坑的半崖上，我们要先从天坑另一边的顶部，下到坑底，踩水过一条溪水，才能去往那里。其实下行的路，和龙塘子下行一样湿滑，张巍巍这次豁出去了，非常小心地移动着。同行的教练小周和陈袁媛很敏捷，走在了最前面。

我走得最慢，因为一路都有花，最为盛大的是一簇野百合，从半空中悬垂下来，十分张扬，可惜花瓣被什么啃食残破了——野百合的花瓣是美食，很多山区都摘来做菜，反正不摘它也会被虫子啃食。我仰着脸找了很久，没找到作案的家伙。下到坑底，发现了玉叶金花和两种凤仙花，雨有点大，我只拍了玉叶金花就把相机藏到了衣服下面。

◆ 晶花洞口的玉叶金花很多

晶花洞的洞口，还有一处天然屏障，就是洞口上方山崖上，雨水形成的瀑布直冲下来，落在必经之路上，我们一个个依次穿瀑而过，还好结果比想象的好，并没有全部变成落汤鸡。

晶花洞门前有铁门把关，此洞果然是长期封闭的。小周把钥匙插进去，转动，但是门纹丝不动。又试，再试，各种试，门依然无动于衷。我们都有点灰心了，送我们的车早已调头回去了，这个区域又无手机信号，难道晶花洞之行就这样结束了？

张巍巍一直在观察小周开门，然后，上前接过了钥匙，用右手插了进去。还是一样的转动，门竟然开了！“这儿！”他示意我们看他的左手——原来，他看到了问题，门打不开，和钥匙无关，是沙石太多，把门卡住了。所以，只需要把门往上提，就能打开。

太机智了。我们开心地走了进去，伴随着对张巍巍的慷慨赞扬。

他对我们的赞扬没有反应，只是圆睁双眼，在脚下的石头里仔细搜索。我知道，他有一个愿望，就是在十二背后找到盲步甲，那是一种永远隐身于黑暗中的美丽物种。见过盲步甲的人，都有一个困惑：在没有光线的地方，如此鲜艳的颜色有何意义？或许，在复杂的进化过程中，不是每个环节都有意义，进化

◆ 进洞不久，发现尺蛾

李元胜在晶花洞

是生命与环境的神奇对话，是被迫展开的连续旅程，只孤立地看一个环节，永远也看不明白的。

没有盲步甲，但灶马极多，比山王洞还多，而且更透明更漂亮。

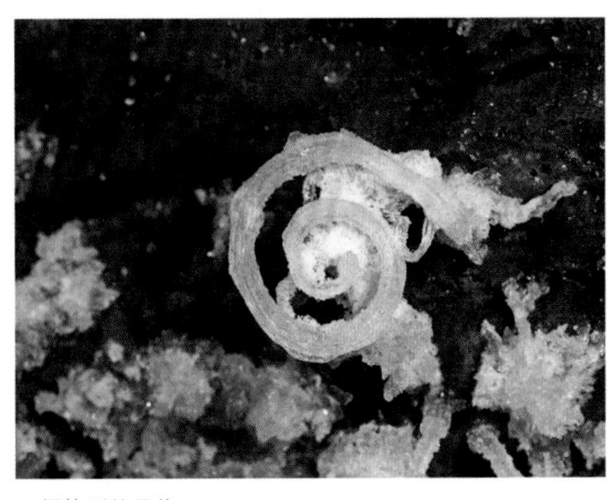

◆ 螺旋形的晶花

晶花洞没有步道，是完全原始的洞，我们在石块和沙土中跌跌撞撞走着，有好几次在小周的带领下，拐入一个看似无路的支洞，但顺着洞口溜下去后，里面的洞腔又变得宽大。有一段，如果没有向导，我估计没人敢再向前，洞变得极为狭窄，高不过一米，我们得蹲着或者爬行才能经过。

最后，我们到了传说中的晶花世界。尽管有足够的思想准备，我还是被身边的景象深深震撼住了。坚硬的石头，在地下数公里深的地方，展现出它们柔软、晶莹的一面，而且造型千姿百态，仿佛超越时间的永生花。和这些石头的花朵比起来，人类的历史仿佛只是一个短暂的转身。

◆ 晶花世界一角

◆ 隐锚纹蛾

◆ 颠眼蝶

晶花洞是在极偶然的情况下被发现的。试想一下，在我们脚下的地底，还有多少超出人类想象的奇异未知，或许，我们永远无机会见到，更不要说地球之外的整个星河。我感觉到一种来自同样遥远的内心深处的颤栗，那是一种永恒的孤独激起的微澜。我叹了口气，举起了相机。还是工作吧，唯有工作，才能让我保持镇定和平静。

从晶花洞出来后，这一天的时间所剩无几，在雨的间隙里，我都跑到野外去碰碰运气，后来的两天也是这样。

有两个记录值得提一下。

一是在客栈前的草丛里，发现一只隐锚纹蛾。锚纹蛾是一种白天活动的蛾类，习性和蝴蝶相似，这个家族全球也不过50多种。锚纹蛾的得名是其翅上有锚形色斑。但隐锚纹蛾是一个例外，没有锚纹。这就有意思了。没有锚纹的锚纹蛾，相当于没有胡子的美髯公。

另一个记录更重要，是在村庄背后的灌木里发现了一只比较罕见的颠眼蝶，它的翅膀有宽阔的白色中带，眼斑大而醒目。百度百科里的颠眼蝶图集，只有一张照片是本尊，拍到它的确是一件不容易的事情。

三

总结了两次去十二背后的考察情况，发现有一个数据不太对，就是观察到的蝴蝶中，拍到的比例偏小，前所未有。这是因为双河客栈附近，没有比较集中的蜜源植物，所以拍蝶不会有守株待兔的轻松。开阔的旷野，凭借微距镜头，和自由来往的蝴蝶打游击，成功率当然就很低了。

作为尼康玩家，偏好使用成像锐利的105mm定焦微距镜头，就意味着减少了拍摄蝴蝶的成功率，但我依靠的是对蝴蝶习性的熟悉，在以往的场所，总能找到蜜源或蝴蝶集中的点。双河客栈给我带来了新的挑战。

最终，我决定改变自己，再去十二背后，我会放下对105mm定焦微距镜头的偏执。我购入了一支价格不菲的Z卡口24-200mm旅游头，在万能焦段里，它的成像还算不错。七月底，雨季终于结束了，我带着这支新旅游头，扬扬得意地回到了双河谷。感觉对付散飞的蝴蝶，心里有底多了。

我是上午到的，第一件事情就是提着新装备，在烈日下寻找蝴蝶。蝴蝶一如既往地多，但我扫描了一圈，都常见而且翅膀残破，我想，新镜头开张，总得拍个颜值高的吧。于是矜持地让它们在眼前飞来飞去，并不下手。我慢慢晃荡到通往双河洞那条路上，寻找开张的机会。

突然，一只断尾小蜥蜴从草丛中急急蹦到路上，一阵乱跑，顾不得避开我的脚步。我低头一看，断尾处伤口很新。

谁在追杀它？我死死地盯着草丛，但那里很平静，就像什么也未曾发生。

◆ 黑头剑蛇

我蹲下去，把焦距调到长焦端，再通过镜头在草叶的缝隙里寻找着。我还真找到了，在一根枯草的下方，有什么在谨慎地移动，原来是一条细小的黑头剑蛇贴着地面悄无声息地移动着，它如此轻盈而又羞怯，经过的草

◆ 黑脉蛱蝶

丛只有微动。我条件反射地按下快门，拍了两张，它就消失了。

一支为拍蝴蝶而买的镜头，开张照是一条小蛇，我站起身的时候，不禁笑出声来。

饭后，我有一小时拍摄时间。我换了一个地方晃荡，穿过村庄，去了杨家沟沟口的民宅。几次经过那里，我觉得有几处应该是蝴蝶喜欢停留的地方。

在一个庭院门外，不出我所料，果然有几只蝴蝶在那里起落。大的一只黑色的是碧凤蝶，小的是朴喙蝶，一大一小都不安静。但石头墙上，两只中型蝴蝶却岁月静好地享受着阳光，一动不动。我看清楚了，一只黑脉蛱蝶，一只二尾蛱蝶，都还新鲜完好。我不必靠得特别近，就轻松地完成了拍摄。在显示屏上放大研究了一下，成像还挺不错，心情一下大好。

我又测试了拍更小的豆娘、野花，更远的鸟类，发现差不多都能胜任工作。在野外复杂多变的拍摄需求下，这支镜头很好用，当然，它肯定也做不到

◆ 二尾蛱蝶

105mm 定焦微距镜头的惊艳呈现。得失之间，看自己的选择了。

第二天，我选择了上次去龙塘子的那条陡峭的公路去徒步，走了大约 1.5 公里，发现左边有条进林子的小道，干脆钻了进去，想试试能走多深。夏天的晴日，走这条小道太舒服了，不晒，空气也好闻。

不知是不是漫长雨季的后遗症，小道上蝴蝶不少，但几乎都残破不堪，有一只蓝凤蝶甚至丢了一半后翅。我干脆换上微距镜头，记录灌木上的小型昆虫。比较幸运的是，拍到了负泥虫产卵的过程。

我记得多次拍到过半翅目昆虫产卵，它们往往让卵构成整齐的卵块。而负泥虫，是把卵凌乱地随机产在一株植物上，茎上、叶面、叶背到处都是。我推敲了一下，可能和幼虫的食性有关，半翅目就算是植食性的，用的也是刺吸式口器，幼虫只会让植物的叶子整体萎顿，不会残破飘落。而甲虫是咀嚼式口器，它们的幼虫直接啃食植物，如果产卵太集中，一起啃食，可能叶子很快就残破飘落，幼虫也会随之团灭。

刚想到半翅目，镜头下就出现了各种半翅目，在阴凉处休息的斑衣蜡蝉、藤蔓上的蛾蜡蝉、草叶上的叶蝉宝宝，忙得我不亦乐乎。

◆ 在藤上爬来爬去产卵的负泥虫

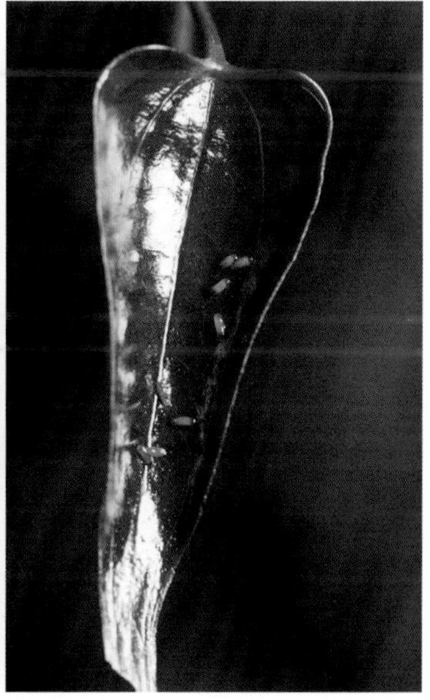

◆ 负泥虫的卵像一些东倒西歪的红色小瓶子

◆ 蝽

◆ 斑衣蜡蝉

◆ 素饰蛱蝶

一只很皮的素饰蛱蝶，把我的注意力拖回到对蝴蝶的追踪上。估计我的汗味引起了它的兴趣。它飞过来绕着我飞一阵，又飞回附近的树叶下或岩石上，如是反复。

就在这个过程中，我又发现了一只枯叶蛱蝶，一只种类不明的眼蝶，拍完这两种蝴蝶，我已走出五十多米，这只素饰蛱蝶还是不离我左右，简直是个自来熟。

就在我快结束林中徒步，准备折返的时候，一只傲白蛱蝶出现在我的左前方，我不知道它是一直停在那里，还是刚落下，翅膀细微地一张一合，这

◆ 傲白蛱蝶

意味着它随时有可能飞走。这难得的机会不可错过，我不敢移动脚步，在保持着身体平衡的情况下尽量前伸双臂，在逆光中几乎是用盲拍的方式不停地按动快门。然后，只见它双翅一闪就不见了。

突然。坚定。这就是蛱蝶的再见方式，你不要指望看到它们“挥手告别”。

这条往返五公里左右的徒步线路称得上丰富，从双河客栈出来，穿过村庄，再踏上陡峭得过分的公路，然后当你上行到双脚发软的时候，往左一拐，就进了绿意无限的林中道。山道贴着崖壁，所以进去的时候，右看灌木，左看林梢，能同时接近两种生境的物种。穿出树林后，又是开阔的野山坡，一直走，就到一个独占旷野的农家，农家周围又是蹲守蝴蝶的好地方。几乎是一条最完美的野考线路！回程的时候，我越想越觉得好。兴犹未尽，决定晚上再来走一遍。

当晚八点过，我快速穿过村庄，很快来到了公路上，再耐心地缓慢上行——我想保留体力，能在树林中穿行得更远些。因为慢，我就顺便用手电慢慢扫描公路两边，灌木里蛾子起起落落，非常活跃，这正是它们的活动时间。

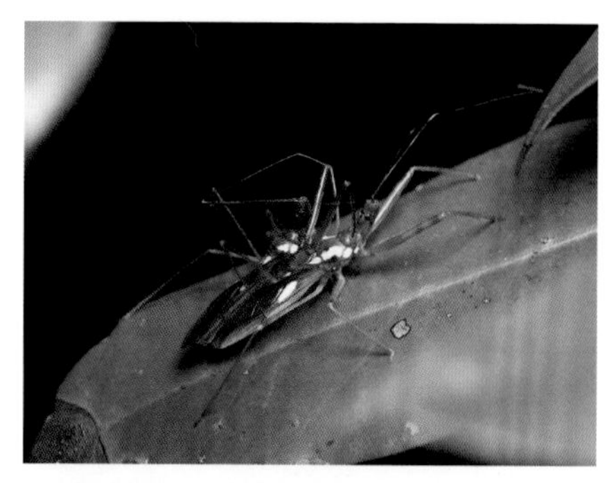

◆ 交配的猎蝽

◆ 蓝凤蝶的幼虫

◆ 你能看到竹节虫的翅膀吗?

又走了一段路，手电的光柱边缘，扫到了空中扇动的翅膀。我赶紧锁定目标，看清楚了，是一只天蚕蛾，很像绿尾天蚕蛾，它应该是离开上面的树林往下面的开阔处飞。接着，我又扫到了第二只、第三只，同样的线路，同样地摇曳着好看的尾巴。我还从来没有在夜晚的旷野中，看见天蚕蛾的群飞，在没有灯光的干扰下，它们飞得轻盈美妙，仿佛几乎不受重力的影响。

奇怪的是，林中小道远没有公路上丰富多彩。林梢、灌木都仿佛陷入沉思，连风都没有。我走了两百多米，没有特别的发现，只有灶马和猎蝽分散在灌木和岩石缝里。

我反思了一下，是不是刚才过于华丽的天蚕蛾之舞，降低了自己的敏感，以至于发现不了更小更低调的物种。于是放慢了速度，更仔细地弯腰低头地寻找，连树叶背面都不放过。终于，我在一片叶子上找到一只凤蝶幼虫，是我从来没有见过的。后来我查到这是蓝凤蝶的幼虫。接着，我又在一处低矮的灌木上找到一只竹节虫成虫，它的翅膀紧紧地收束在背上，像干枯的树皮，被我惊动后，它也没打算飞走，只是保持着一动不动，太像一截枯枝了，如果它有明确而复杂的意识的话，肯定会非常自豪。

不知不觉，一个多小时过去了，我感到有点疲倦，就折返往回走，一边顺便用手电扫一下经过的地方。在刚才没有什么发现的那一段，突然眼前一亮，一片树叶的边缘露出了什么的触角，我伸手把树叶轻轻翻过来，一下子就乐了——这片树叶后面，竟然趴着七八只峰疣蝽。受到惊动，峰疣蝽四散而去，各奔东西。但都没飞远，它们就落在附近的灌木上。

◆ 峰疣蝽

峰疣蝽的小盾片上，有疣峰突起，相当奇特。这种很难理解的进化设计，我在昆虫身上经常看到。可能是我们对它们的生存策略和进化过程的无知，对极限吸引异性的需求的轻视，但有时我也想，或许没啥深刻的原因，就是造化这个孤独的设计师，有时也会皮一下，仅仅是为了娱乐自己而已。

◆ 侧面看，疣峰特别醒目

四

八月初的一个晚上，我和张巍巍又在双河谷尝试灯诱，这次，我们换到了双河洞口附近的广场，那里开阔，几乎没有别的灯光，想起来是很完美的。

景区对自然考察给予了最热情的支持，我们还在吃饭的时候，电工师傅已经骑着电瓶车去把灯点亮。我们是九点前过去的，灯下和上次一样，非常冷清。这时，隔着溪流，听到对岸的喧闹，才发现那个烧烤区灯火通明，游客们吹着双河洞口送来的凉风，吃着烧烤，喝着啤酒，谈笑风生。但是我们的灯诱就惨了，找到一个好地方，却没遇到好时机。

我们在灯下守了半个多小时，来了一些蛾类，有一只榆凤蛾还不错，我就拍了这一个访客。

我们决定去夜探，等对面的游客尽兴而散后，我们的灯独霸一方，再回灯下守着。这是萤火虫的季节，只要手电关闭，就有星星点点的萤火虫在我们身前身后飘浮着。

◆ 灯诱来的榆凤蛾

◆ 贵州臭蛙

在过溪曲桥的桥头，我发现了体形硕大的臭蛙，这条白天游客人来人往的通道，已被它们占领，我数了一下，好家伙，足足有十几只。我后来请教了专家，发现这是2018年才发现的新物种贵州臭蛙，发现地是贵州金沙县冷水河自然保护区，后来在湄潭、正安也有发现。十二背后距离这些地方不远，能发现它并不出人意料。灯诱不成，走上几步，就发现了一个物种新分布，也算意外收获。

◆ 贵州臭蛙幼体

◆ 阿萤叶甲

和雨季的夜探比起来，这一次找到的昆虫和其他物种实在太多了，我们的闪光灯几乎一直在工作。高大

◆ 夜晚，出来觅食的步行虫

的灌木上，有萤火虫、叶甲和蚁蛉，低矮的草丛上，我拍到了贵州臭蛙幼体、步行虫。

“快过来。”张巍巍在前面低声喊我。我们在野外，一般喜欢分头寻找和记录，但互相之间不会隔得太远，发现好东西时，会互相招呼进行分享。

我快步走过去，原来是一只甲蝇。这是一种极易被误认为是甲虫的蝇类，作为双翅目的成员，身上却有着鞘翅，也太特立独行了。其实你如果仔细观察，就会发现它的鞘翅是多出来的，因为它还有两对翅膀，只是其中一对退化成了平衡棒。也就是说，甲蝇的甲，其实是小盾片往后延伸、膨大而成的，和翅膀并无关系。

结构如此奇特，我们在野外发现甲蝇时，都愿意多花一点时间来观察和拍摄。这只甲蝇，停在我们头顶的树叶上，我们要努力伸长手臂，才能够得着。看着它似乎特别安静，我突然产生了一个大胆的想法，伸手缓慢地摘下了那片树叶，幸运的是，树叶到了我手上，它仍旧一动不动。这样，我终于可以凑得极近地仔细看看它了，这可能是我距甲蝇最近的一次吧。

◆ 甲蝇

◆ 躲在叶子背后的甲蝇

◆ 枯叶蛱蝶幼虫

◆ 珂弄蝶幼虫

我们不久又有了重要发现，在马蓝的叶子上，找到了枯叶蛱蝶的幼虫。

马蓝是这一带占据优势地位的灌木，几乎在每个角落都能看到它钟形的花朵。而双河谷的枯叶蛱蝶，密度也大得惊人。寄主植物铺天盖地，难怪。

张巍巍在那里犹豫，要不要采些马蓝叶子，然后试着养一只枯叶蛱蝶幼虫。我在旁边又有发现，竹叶上，趴着一条弄蝶幼虫。以前，我在竹叶上倒是找到过眼蝶的幼虫，弄蝶幼虫还是第一次。后来请教了专家，这应该是珂弄蝶幼虫。

◆ 九头狮子草

八月中旬，我在遵义附近开会，有两天时间可供支配，很自然地又来到双河谷。前面来的几次，都关注蝴蝶，所以这次来，我有意识地想多拍拍植物，已经不是拍花最好的春季，但夏季里仍然怒放的野花还是值得好好观赏的。

还真是你想看什么，才能看见什么，我在客栈门口，就发现了九头狮子草。民间传说它是神奇的蛇药，疗效很难考证，但清热解毒能力是有的，各地的中草药类书籍都有收录。我偏爱它的花，像涂有浅色口红的唇，在一片绿色中非常显眼。

这一回，我想完成之前半途而废的徒步，把杨家沟大致走一遍，观察环境，记录物种。那是一个景色宜人的溪谷，可惜，第一次去烈日有点过于惨烈。而现在的多云天气，正好。

进溪谷前，我先绕到拍黑脉蛱蝶的那个院子去看了看，仍然是蝴蝶纷飞，但是换了地方，之前的墙上冷清，但屋角潮湿的路边却聚焦了一群蝴蝶。我惊飞了几只，仍有六七只埋头吸水，根本不理我。仔细一看，大吃一惊，竟然是宽带凤蝶。宽带凤蝶在云南、海南易见，贵州有记录。野外考察，我们自以为熟悉的自然，哪怕仅仅是一个区域里，也隐藏着很多未知。

我沿着走了两次的小路，往溪谷深处走，享受着舒适的野外徒步。不到一个小时，就记录了十来种野花和五六种昆虫。

前面的溪谷变得狭窄，我贴着山崖沿着溪水继续前行。小路已经不明显，

◆ 宽带凤蝶群，里面混了一只碧凤蝶

◆ 南川百合

我走得越来越艰难，有一次脚都踩进了溪水里。

正因为专注地走路，和溪流一起转过一个急弯后，我抬起头来，突然有点恍惚：前面的逆光里，一片金黄，就像是某个美丽的幻觉。我发了一阵呆，才看清楚了，是百合花，金黄色的百合花，开满了整个溪谷。

这确实刷新了我的认知，我以为百合都是春天到初夏开放，没想到盛夏也能成为它们怒放的时间。无法继续向前了，我取出随身携带的茶杯，在石滩上找了一块平整的巨石坐下，慢慢品茶，我的面前全是各种姿势的金色花朵，试问，还有能超过此境的品茶空间吗？

◆ 长在石缝里的南川百合

当天，这种百合就被确认了，是南川百合。

次日，手绘画家荷香也来到双河谷，我们又来到了杨家沟，因为陆路难行，我们干脆穿上溯溪鞋，带上登山杖，从水路上行。在盛开南川百合的段落,我们不免又流连了一阵，然后继续往前。你一定要站在溪流的中央，才能看到溪谷最美的景色。从这个意义上说，溯溪就几乎一直是在最美的景色中行走。

◆ 杨家沟上游的干河床

两公里之后，我们走到了这条溪流的分界点。原来，溪水是从这一带的石堆里涌出来的,上游全是干得发白的河床，溪水是在河床以下的地底流着，线路还不一定和河床重叠。所以，从这个分界点往上，只有雨季才会有地上水流。雨季一过，就成了干河谷。

我们又在干河谷里走了一公里，此时，云团散开，艳阳高照，酷热难耐，身边却无可以遮阴的地方，我们才折返往回。

我和张巍巍在十二背后的考察及发现引起了圈内的注意，前来咨询的朋友不少。其中一些则直接付诸行动。九月初，张巍巍说，东北林业大学的蛾类专家韩辉林博士、西南大学的蜘蛛专家张志升博士各带了团队，要去十二背后考察，问我要不要去。

“当然得去啊，这么好的学习机会。”志升是老朋友，我们一起在重庆的四面山、缙云山、王二包等地多次同行，结下了深厚的友谊。蛾类因为海量的种类，令人眼花缭乱，能请教的人太少了。能够在野外听专家现场讲讲，机会实在难得。

九月八日，我与张巍巍陪同的韩辉林团队在双河谷碰上了头，灯诱点还是选在双河洞口的广场。不知是溪流对面碰巧没有烧烤的灯火，还是出于对蛾类专家的仰慕，灯诱效果和上次真是天壤之别。

灯亮起没多久，就有大大小小的蛾子、蜉蝣、甲虫围绕过来，我关注的仍是颜值比较高的物种，韩老师和他的团队专注收集一些小型蛾类，张巍巍慢悠悠地收集着一些超小的各类昆虫，我们各忙各的，一些路过的游客好奇地靠近，很快就被乱飞乱撞的蛾子吓走了。

一只扑腾不已的大型蛾子引起了众人的注意，等它安静下来后，曾经深入研究过天蚕蛾的张巍巍走过去看了一眼，很含糊地说了一句："有点像四面山那个。"

远看着有点像很常见的银杏天蚕蛾，为啥他这么犹豫，我也跟了过去，这只天蚕蛾太漂亮了，特别是前翅、后翅的各两个色斑层次分明，非常抢眼。原来，这是他在重庆四面山飞龙庙发现过的半目柞天蚕蛾。半目柞天蚕蛾是我国极有价值的野生绢丝昆虫资源，早就被列入《国家保护的有益

◆ 半目柞天蚕蛾，雌性

的或者有重要经济、科学研究价值的陆生野生动物名录》。

双河谷发现半目柞天蚕蛾，是一件令人振奋的事情。我个人的欢喜是双重的，因为错过了四面山的那次机会，我还是第一次见到本尊。所以我很紧张地盯着它的一举一动，很担心它突然飞走了，直到它终于安静下来，我拍到一组满意的照片。

其实我的担心是多余的，后来，又飞来了好几只。当天晚上，还来了一只粤豹天蚕蛾，这家伙一身耀眼的黄。和它形近的是黄豹天蚕蛾，比较简单的区别方法是前者眼斑略小。

九日，张志升也带着他的团队入住双河客栈，他和韩辉林都觉得十二背后有着极为丰富的生境，溪谷、溶洞、天坑、天缝构成了封闭和半封闭的小世界，更容易庇护一些独特的物种。

当天晚上，我们继续在双河洞口广场灯诱。研究蜘蛛的张志升对灯诱兴趣不大，带着人进了双河洞。双河洞作为亚洲第一长洞，一直向游客开放。这样的洞我称之为旅游洞，由于受到人为干扰较多，比起我们去过的几乎保持着原始状态的山王洞、晶花洞等，发现物种的概率应该小多了。我这么推敲了一

◆ 粤豹天蚕蛾

◆ 幽帘虫丝线上的黏液

下，就没有跟他们去，选择了继续待在灯诱点。

后来我才知道自己的偏见，即使是旅游洞，其实游客也只是在游道范围内活动，溶洞有很多支洞，仍然保持着原始的状态，也就是说，同样可能生活着未被我们发现的生物。

满脸欢喜的张志升回来了，带来了一个爆炸性的消息，他们在双河洞的支洞里发现了幽帘虫，他还建议我们去拍点更好的照片。

幽帘虫属扁角菌蚊科，这个科的物种有很多世界级的明星：新西兰一个洞穴里聚集着能发出荧光的幽帘虫，成为各地游客争相一睹的景点，很多人分不清楚幽帘虫和萤火虫的区别，以至于误传成萤火虫洞；近几年，巴西雨林里又发现一种扁角菌蚊，它竟能发出罕见的蓝色荧光，让研究发光物质的科学家们大吃一惊。

我国的幽帘虫是不能发出荧光的，它们的幼虫分泌出丝线，丝线上缀满黏性很强的液体，以此守株待兔，捕食路过的飞行昆虫。

没想到，这传说中的物种居然就在双河洞里。我和张巍巍匆匆收拾好器材就朝着双河洞出发了。

双河洞是一个水洞，一条阴河从里面源源不断地流出来，水声喧哗。步道是由钢架支持着，悬挂在空中的。我们根据张志升他们的描述，很快走完了一段步道，在一个岛形的石堆处离开步道，下到水边，再涉水而过，就到了那个支洞。

这个支洞和我们之前探过的洞不一样，洞壁很软，脚下全是松软的沙。我们在洞穴的上方，果然看到了四处分布的珠帘。这些珠帘比我们想象的还要好看，每根丝线都像是经过精心的测量，间距统一整齐，丝线上还缀有晶莹的珠子，珠子回应着手电筒光线的变化，时明时暗。

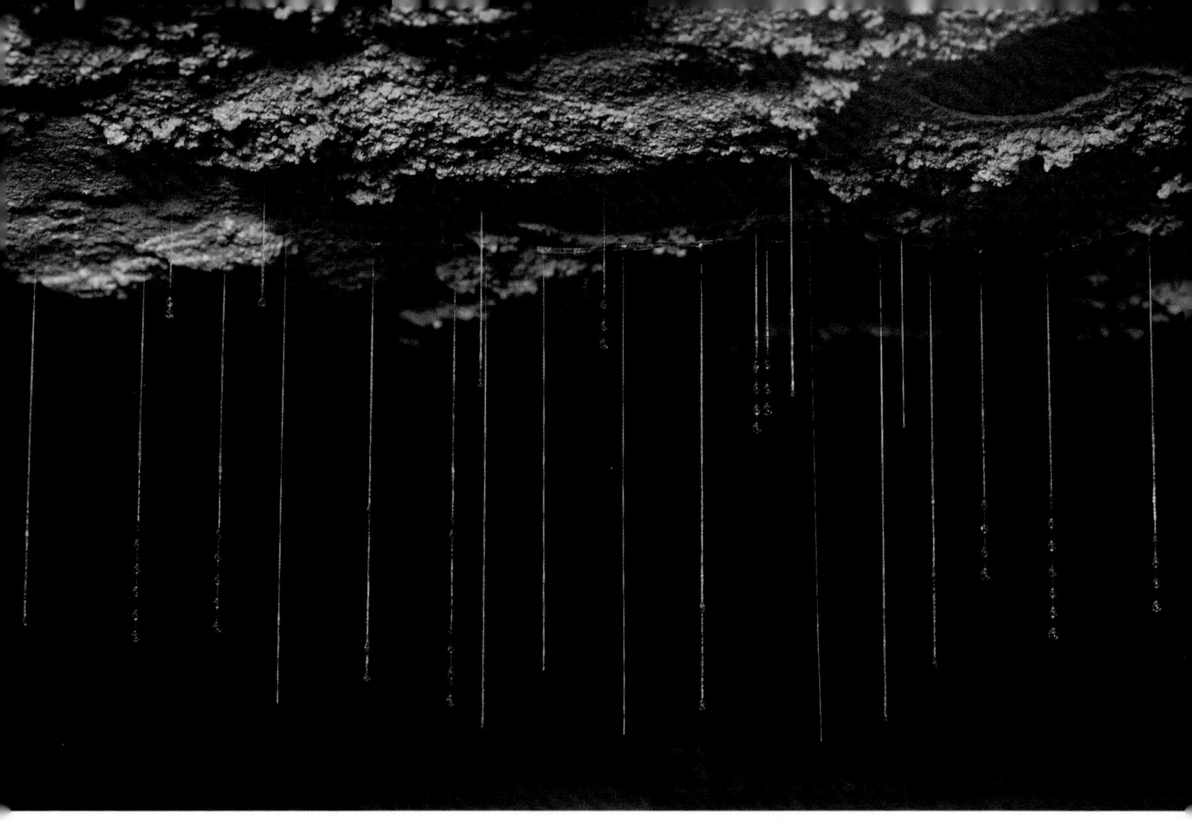

◆ 幽帘虫

太美妙了。我们啧啧赞叹了一阵，又陷入了困惑，为啥只见珠帘，不见幽帘虫？我想起之前看到过的国内洞穴考察记，也是在洞穴里只看到珠帘，没找到虫。

它们是躲在别处，还是已经弃网？同行们的困惑，现在我们也遇到了。区别在于，我们有老练的张巍巍同行，他的眼力太厉害了。几分钟后，谜团就被他解开了。

“看这里，丝线上方。就是这个不起眼的小棍，看上去像一根横线。”他说。

洞穴空间本来就小，加上张巍巍的身体特别占空间，我只能从他粗大手臂之间的细缝里，勉强向前看那一组丝线上方，但啥也没看到。

茫然地退下来，还好记住了他的提示。我找了几组丝线，在上方找横着的

◆ 幽帘虫特写

◆ 蜉蝣

东西，终于，在第三组丝线的上方，找到一根半透明的小棍。它没有弃网，也没有躲在别处，它就悬挂在丝线上，只是，太不容易发现了。

我拍了一组照片，有点受不了支洞内的空气，先出了洞。在等待他们的时候，我用手电光搜索了一下洞中的溪流。清澈的溪水下，虾、蝌蚪、蜉蝣幼虫很多，但是没找到鱼。双脚一阵冰凉，原来不知不觉中又踩进了水中，我只好退后两步。蹲下来，四处查看，一只蜉蝣出现在我的手电光下面，它像是刚完成羽化，停在那里一动不动。

我们会合后，心满意足地往洞外走。回程的路上，我又留下来仔细搜索了以马蓝为主的灌木丛，结果找到一只雨蛙、一只中华原螳，都是我喜欢的物种。

这次到双河谷，重点是灯诱和夜探。白天我继续在客栈周围的小路徒步，寻找新的线路。

◆ 中华原螳

◆ 华西雨蛙武陵亚种

钝萼铁线莲

◆ 波蚬蝶

◆ 姬蜂虻与白花败酱

◆ 岗梅

一个重要发现，就是在客栈一侧找到一个幽深的山谷，这里以前是村里的放牛小道，村民迁到新村后，这条路被荒废了。由于人迹罕至，这个小山谷保留着很多原生物种，我记录到十多种野花，在九月实属难得。其中的白花败酱，还算蜜源植物，吸引来了蝴蝶和其他昆虫。

不过，我在这个山谷的运气不算好，错过了一只金裳凤蝶、一只翠蛱蝶，这两种蝴蝶，我在十二背后其他地方都没见到过。当时，我看见白花败酱上面有几对交配着的姬蜂虻在起起落落，这算是秋天最温馨的场面吧，我兴冲冲地大步走过去，差点踩到了路上的翠蛱蝶。它惊起来后，飞到了山崖上的灌木上。我懊恼地看了一阵，想凑近去看清楚它的具体种类，就在此时，一只有点残破的金裳凤蝶，又从我身边的悬钩子藤条上懒洋洋地起飞了。我就这样一次错过了两只蝴蝶。

群峰高举一个草原

车往神田草原开，一路盘旋而上，视野里全是屏风般整齐排列的山峰，难怪我们所在的乡叫北屏。北屏，北屏，叫了这么久的名字，到了白云缭绕之中，才发现取得真好。

神田还在头顶上，在所有的屏风之上，城口的人说，那是群山举起的一个草原。三个月前，我去过一次，确实就是这么奇幻。

◆ 神田景致

但是已是黄昏，今天到不了神田，我们的目标是半山上的安乐村，这是陪我上山的文友子民选的地方。他知道我非常看重晚上的灯诱，这一带，还只有安乐村最适合。

白天适合看蝴蝶看花，因为很多昆虫躲在树冠上，没有翅膀的我们只能望洋兴叹。但是晚上就不一样了，昆虫有趋光性，在好的位置挂一盏灯，简直就是它们没法拒绝的武林盟主召集令。一盏灯，一张白布，昆虫界的牛鬼蛇神都会纷纷出洞，到我们的眼皮下来开英雄大会。

开着车，想到这个场面，我不禁嘿嘿笑出声来。车上的子民和文友木木，以为窗外有什么精彩的事情，都赶紧伸长了脖子四处看。

路边还真有精彩的，一丛醉鱼草花开正艳，粉红的穗子在山坡上很是显眼。醉鱼草的花是很吸引蝴蝶的，我把车停下，远远瞄了一眼，不禁心中微震。没有蝴蝶，但是有好几只天蛾在花丛中穿行，有一只的翅膀似乎是透明的。

咖啡透翅天蛾！我提着相机就下车了。

“二哥，小心！”子民在身后提醒。我这才注意到，这个山坡的土石非常松软，有时候走一步会滑回来半步。

◆ 咖啡透翅天蛾与醉鱼草

我小心地来到高大的醉鱼草的下面，仰着头仔细看了看。两只小豆长喙天蛾、一只咖啡透翅天蛾正在兴奋地享受今天的最后一餐。我找了一枝最矮的繁花，守在那儿一动不动。根据我的经验，悬停的天蛾们会围着花丛转圈，不会放过开得很好的花穗。果然，几分钟后，它们都先后进入了我的镜头。

◆ 崇安湍蛙

匆匆吃完饭，我们就去找灯诱的地方，在屋后找到一处，四处空旷，很适合召开昆虫的英雄大会。

◆ 深夜，安静的拟稻眉眼蝶

一切看上去都很完美，天色完全黑下来之前，我开始准备器材，感觉会有一个忙碌的晚上。就在这个时候，我听到了雨点打在屋顶上的声音。我停下了手里的活，走到窗前，没有听错，外面真是突然就下雨了。

灯诱是没法搞了。我们悻悻地喝茶、闲聊，不知不觉，雨竟然停了。

雨后的夜探效果也会打折扣，但总比闷在屋里好，我们先到屋后的山路上去走了一圈。湿漉漉的草丛中，我找到一些蝴蝶，其中一只拟稻眉眼蝶新鲜完整，其他的都有点破旧。

感觉没有逛够，我们干脆穿过院子，沿着公路散步。走着走着，突然发现深夜的山道有着冷冷的美感——头顶有星光，脚下有云雾，身后的山庄逆光看去像发黄的老照片，我们不像是走在此时此刻，倒像是走在某部电

◆ 太白贝母

影的角落里。

回到房间，感觉没尽兴，就把三个月前去神田拍的照片仔细看了一遍，想预习一下明天会碰到哪些植物，这次去它们会有什么变化。

上次印象最深的是在草丛中发现了开花的太白贝母，一时惊喜莫名，顾不得地上潮湿，趴下去就拍。这是一种生长极其缓慢的植物，第一年长出针状的苗，第二年才长出像样的叶，如果第三年茎叶长得齐备了，第四年就能看到开花。多么不容易，等一朵花开，差不多要读完大学的时间。

然后就是木姜子和茶藨子，都在开花。前者倒是常见，后者我查出是瘤糖茶藨子，我特别喜欢它半透明的果实，不知道结果没有，希望明天能挑战一下它的酸。茶藨子是野外口渴时的救星，它致命的酸，一粒足以让口腔里充满

◆ 木姜子

◆ 瘤糖茶藨子

唾液。如果我上山带的茶水全部消耗完，还要吃馒头作为午餐，我就会四处寻找茶藨子。如果茶水还有，我会寻找更可口的野草莓。

还有那几树山樱花，当时正狂野地开着，现在，果实期应该过了，会不会还有几粒残留枝上，让我可以琢磨一下。

看着看着，神游于五月的时间里，我想起了以前写下的诗，不禁找出来读了一遍。

北屏即兴

一生中登过的山
都被我带到了这里，我昂首向天
它们也都一起昂首向天

一生中迷恋过的树
也被我带到这里，我们默契地
把闪电藏在身后

群峰之上，天马之国
可以挽狂风奔雷飞驰
也可以安坐溪谷，放下幽蓝的水潭
上面漂浮历年的落花

满山遍野的山樱上
有忍耐过无数冬天的碎银
有鹰滑过的影子

这是适合我们的国度，总有狂野之物
和我一样，友好而忍耐
但不可驯服

2016.5.10

第二天清晨，鸟声把我惊醒。恍惚中，突然想起身在距离神田不远的安乐村，这正是我期待已久的一天啊，翻身就起来了。

我们匆匆吃过早饭，兴奋地驾车开出了山庄。路边仍有醉鱼草密布，我减了速度，慢吞吞地往上走，这样透过车窗就可以看见有没有早起的蝴蝶。

醉鱼草上不算热闹，因为只有它们的最高处能抹上一点朝阳，仅有的一只麝凤蝶在那里逗留，拖着秀美的长尾。我停车远远拍了几张，就继续赶路。总觉得从昨天的观察来看，上山的路边常见物种多，山巅上会更精彩吧。

这点小心思，很快就被证明是多么的自以为是。在一处废弃的工棚旁，我看见一只蝴蝶闪过，赶紧停车。它轻巧地落在工棚前的地面上，离我们的车很近，我也轻手轻脚下车，把车门慢慢推回去，怕惊动了它。定睛一看，这只蝴蝶翅正面黄色，密布黑色条纹，好陌生的蝶，我表情淡定，心里却惊呼了一声。它移动着，用长长的喙左左右右在潮湿的地面找个不停，像探雷的工兵一样，专业地寻找自己想要的东西，它终于在这个过程中把翅膀合上了。翅反面仍然是黄色，黑色条纹却变细了，成精致的网状，后翅的眼斑低调

◆ 麝凤蝶

地列在网的边缘。原来是颜值不俗的网眼蝶，我看过无数次照片，也见过标本，却从来没有在野外相遇。

拍完网眼蝶，我满意地站起来，看了一下环境。还真是个拍蝴蝶的好地方，一条纵向的沟和公路，两条蝴蝶喜欢的飞行线路交叉在这个半山上最大的平台。它不仅是一个交通枢纽站，废弃的工棚、有人类生活史的地面，对蝴蝶来说，简直就是美食城，太值得逗留了。

我决定在这里多花一点时间。看看还会有什么蝴蝶逗留。接下来的40分钟时间，我观察到7种蝴蝶，都是常见蝴蝶，其中的白灰蝶和彩斑黛眼蝶，相对见得少，多拍了几张。

我们继续往上走，上午十点左右，到了群山之巅的神田草原，这已是重庆陕西交界处。

驻车后，我们三人缓缓步行，沿盘山路往里走。果然，和半山的景致区别很大。这里草木茂盛，却不高大，有点走到了川西草原的感觉，但是天更蓝，云更低，人更舒服。

看了一会儿云和天，还是忍不住低头看野花，路两边全是，五颜六色，种类繁多，我很快就被道路左边坡上的一种花吸引住了，它像五只鸟组成的一个紫色灯笼，造型非常别致，花瓣和萼

◆ 网眼蝶

◆ 彩斑黛眼蝶

◆ 白灰蝶

◆ 华北耧斗菜

◆ 华北耧斗菜，此图里有各个阶段的花

片都是紫色却又深浅不同，很耐看。这是我在城口多次见到的华北耧斗菜，都在海拔比较高的地方出现。如此惊艳的物种，能让人每次看到都很惊喜。

拍完华北耧斗菜，刚回到路上，就看到右边的草丛里，有一些醒目的黄色花朵，像一只只吊在草叶下的圆号，凑近一看，原来是顶喙凤仙花，此种只在重庆有分布，别的地方，就只能看别的凤仙了。

◆ 顶喙凤仙花

就这样左一下右一下，完全走不动路，生怕错过好看的野花，确实，好看的也太多了。比如，看到一种蓝色的花，粗看不以为意，仔细看就会大吃一惊，它的花朵稀疏而随意地组成大致是圆锥形的花序，像蓝色的圆筒形灯笼，灯笼下部花的裂片很小，收缩成了反卷着的小浪花，而花柱却肆无忌惮地从浪花中伸了出来，长得精致而有趣。后来我查到，这居然是一种沙参，细叶沙参，完全颠覆了我对沙参花的印象，以前看到的沙参花都像桔梗花。仔细阅读了相关资料，原来，这不是孤案，沙参属的筒花组，其实都有着类似的花朵，只是我自己没有碰到过而已。

子民轻轻叹了口气。显然，他对这样的行进速度有点无奈。子民对昆虫敏感，视力又特别好，经常发现我漏掉的东西。木木喜欢野花，倒是乐呵呵地又是看又是用手机拍，完全不着急。

走到一段相对平坦的路时，阳光更强烈，蝴蝶出现了。但这些蝴蝶仅供远远观赏，不可接近：它们有的横向掠过土路，从坡上直往沟底而去；有的沿着路纵向上山或下山，行色匆匆，似乎路边繁花并不值得它们逗留。我目击到的蝴蝶多达十余种，其中有好几种是我没见过的，但也就是擦肩而过的缘分，想要

◆ 细叶沙参

◆ 细叶沙参花序

看清楚细节都来不及。我已经不会着急，甚至不会遗憾了。一路有蝶的路，至少比无蝶光顾的路好上十倍，对不对？

这些蝴蝶中，唯一和我有缘分的是藏眼蝶，它大胆地落在路中间，给了我短暂而宝贵的机会，但是很不好意思，拍下它的时候，我以为它是只弄蝶，即使整个体型很不像（它翅的反面白色上有黑斑，很像白弄蝶，而照片的角度看上去，触角的末端也仿佛带着弄蝶的弯钩状），后来在弄蝶资料里查不到它，请教了研究蝴蝶的朋友，才知道错大了，原来是一只眼蝶。特别有意思的是，在另一处灌木中，我拍到一只平摊着翅膀的眼蝶，也是从来没见过的，后来确认，这

◆ 藏眼蝶 反面

◆ 藏眼蝶 正面

◆ 子民说上了神田，一定要这样睡一下才值

也是一只藏眼蝶，只是它向我展示了翅膀的正面。我对子民说，还不错，这两只蝴蝶我都是首次相遇，一只眼蝶，一只弄蝶，真好。蝴蝶的世界是博大丰富的，我还在它的门口徘徊呢。后来一想到这个细节，就忍不住哈哈大笑。

我们终于来到了神田草原最高处的山丘，也路过了五月曾经让我赞叹不已的开花的山樱花树。可惜，没有找到果实。翻过山丘，草原一泻而下，就像一张巨大的花毯倾斜着，罩在馒头似的小山丘上。

◆ 山樱花

本来，我还惦记着那条路上的太白贝母和瘤糖茶藨子。但是路上沉醉于各种野花，按计划下午要去看神田草原的另一个山头，只好放弃了。

但是，还没有好好拍的野花还很多很多。有些物种，路上早就见到了，却一直没拍，总觉得前面还有姿态更好的，背景更好的。现在到了最高处，已无更多选择，我干脆把背包放到草丛里，从离自己最近的野花拍起。

瞿麦花像五个跳舞的紫衣小姑娘，风一吹，它被吹歪了，又像一个乱发纷飞的狂野女子。紫色的还有翠雀，像一群鸟，轻盈地停在细细的枝条上，就形态而言，它们比我见过的乌头要美，乌头花也是紫色，却像一群蒙面僧人，面目不清地端坐在一起，看久了不禁心惊。我一边拍，

◆ 瞿麦

◆ 野葱

◆ 圆穗蓼

一边喃喃自语，这些野花远看是一个整体，一团彩云，但是当你蹲下来，离它们近在咫尺，视野里只有其中一株甚至一朵的时候，它们就会像宏大的建筑，展示出设计师造物主的缜密、大胆和机智，甚至，每个物种都既是活生生的生命又像是某部深邃天书中的一个词，既是一个独立、完整的系统，又好像是理解其他更广袤生命的钥匙。我的沉思，始终跟随着镜头里的目标变幻，像一条小路，左弯右拐，在草丛深处越走越远。

不知道拍了多久，我才慢慢站起来，腰、膝盖都已经变得僵硬和麻木，我差点没有站稳，身体竟然摇动了一下。我仰起脸，闭着眼，深深地呼吸了几下，才恢复了状态。这时，子民提醒道，已经 12 点了，我们应该下山去吃午饭，然后转移。

“好的！我抓紧。”我说了一声，又蹲了下来，我发现一些被忽略了的野花，它们单独占据镜头时，可能并不耀眼，但是当你退后，面对草原的时候，正是它们构成了草原的基础色，比如野葱，比如圆穗蓼等。我得把这些低调的野花也记录下来。

步行到山门，还需要一些时间，拍完这一组后，我们就调头下山。烈日当

◇ 翠雀

◆ 老鹳草

空，阳光非常耀眼，我们三个人都眯着眼往前走。还是那条路，还是那些野花，但是总觉得有什么不一样。究竟是哪一点不一样呢，难道就因为眯着眼，所有的景物都发生了弯曲？然后，我就反应过来了——是蝴蝶不见了。来的时候，左左右右，高高低低，都有蝴蝶在飞，虽然我只拍到一两次，但蝴蝶们让整条路显得灵动而多姿。只不过过了两个小时，这些大大小小的蝴蝶竟然整齐地消失得无影无踪了。

◆ 老鹳草

这又让我想到，上山的时候，这一段路我并没有拍摄和记录任何野花和别的物种，因为作为蝴蝶迷，我实在无力抗拒空中那些翩翩来去的翅膀。那重走这条突然变得空旷的路，我就好好看看别的物种吧。

没有发现未记录又特别有趣的物种，

◆ 捕食中的蝎蛉

我就选择姿态好的柳叶菜、老鹳草拍了些照片，拍着拍着，又忘记了时间。好一阵之后，我抬起头来，发现两个伙伴，躲到了不远处的林荫下。

◆ 圆翅钩粉蝶

我正打算向它们靠近，突然发现了一只蝎蛉。蝎蛉是一种奇特的昆虫，它们有着长长的喙，喙的末端有咀嚼式口器，这样的装置真是万能，不同种类的蝎蛉用它对付不同的进食目标，比如野果、小型昆虫和动物尸体。雄性蝎蛉有着蝎子一样的尾刺，这也是它们得名的由来。

◆ 即将开花的橐吾

我无数次在野外遇到蝎蛉，但只拍到过它们取食野果，而眼前这只蝎蛉却在刺杀一只蝇类，它的喙已经刺穿了蝇类的腹部，整个过程中，蝇类只微弱地挣扎了一下，翅膀不显眼地振动着，随后就一动不动了。蝎蛉贪婪地吃着，喙在蝇类身体里细微地晃动着。我赶紧拍下了这难得的场景。

拍好蝎蛉后，伙伴们还得再等等我，因为蝴蝶终于出现了——一只圆翅钩粉蝶顺着道路飞过来，对路边的多数野花都表现出浓厚的兴趣，应该是一只羽化不久的蝴蝶，翅膀完好而干净，仿佛一位享受着自助餐的绅士，每一处餐台都要去品尝一下。粉蝶中，这也是我偏爱的种类，我半蹲在地上，完成了记录，膝盖被地上的石块顶得很痛，但是感觉很值。

在神田，我最后记录的物种是一个大型菊科植物橐吾的部落，足足有几十株，它们的叶子硕大如南瓜叶，花序高过一米，非常壮观，可惜刚进入花期，还没有盛开。橐吾，还是故友郭宪在金佛山上教我认识的。要是他还在，能和我一起同游神田，记录如此壮观的橐吾部落，他一定会很开心。

幽深的猴儿沟

第一次去城口县北屏乡的猴儿沟是五月，一批诗人到当地采风，一群人说说笑笑，溯溪而上，满目的青山让大家的兴致都很高。和类似的进山一样，我很快就习惯性地掉队了，总是有没见过的野花或昆虫把我挽留下来，和它们多待一阵。本来，我这次是准备痛改前非，和大家一起走并聊完全程的，因为常有人批评我只顾自己玩。为了配合这个目标，我甚至连单反相机都没带。

但是决心有什么用。走着走着，前面的人都低头穿过一丛横过小路的灌木，再昂首向前。我也跟着他们一低头，准备穿过去。就在这一瞬间，无意中抬头的人，看见了满天绿色的海星——头顶的藤蔓上，海星似的绿色花朵密布，蔚为壮观。再仔细看，原来不是藤蔓，而是一种羽状复叶的灌木，

◆ 猫儿屎

◆ 两个月后的猫儿屎

从顶上伸出纤长花梗，潇潇洒洒递出一串花朵。灌木的形态看上去稳重甚至有点木讷，它的花序竟是如此飘逸，反差真是太大了。

“这是猫儿屎，熟了好吃”，一个当地人在一旁说。

原来，这就是猫儿屎，我采摘并吃过它的果实，却不知道它开花的时候是这样的，回忆了一下，果实从灌木顶上凌乱下垂，确实是有很长的茎的。那凌乱是拖儿带女后的凌乱，早已不复有初开花时的意气风发了，难怪我没认出来。

◆ 春天的猴儿沟

就这样，本来是想听听重庆的同行们是如何写诗的，结果一串野花就让我从文学的星光大道，毫无思想准备地拐进了大巴山植物的奇趣小道。所以，同一条路上，隐藏着很多不同的道路，而我要踏上哪一条，从来不挣扎，顺势就行了。其实，身处大巴山国家级自然保护区的腹地，又是万物勃发的五月，还有比看山地野花更有意思的事情吗？

透过树林的间隙，远处的潺潺溪水旁，我看到几枝清秀的花朵，像带点粉红色的雪团。我离开小路，穿过草丛，来到它们的身边，只见筒形小花密密地挤在一起，如象牙雕刻成般剔透精致。我终于在野外见到了大名鼎鼎的中华绣线梅，一直听说重庆有，结果在猴儿沟才一睹真容。这一带，竟有十多丛，高达两米，可惜混生于各种杂灌中，没有形成更好的花境。要是能引种到城市里就好了，它们开花的时候，足以改变一个区域的气质。

我正准备退回到路上去，却看见粉红色雪团中，还有层次上的区别，有一簇明显花稀疏而硕大，且不为轻风所动。我艰难地沿着溪水边缘往前走，终于靠近了这一簇，原来竟是另外一种植物，远看像顶生总状花序，近看才发现它的花朵是从叶子的腋部伸出来的，花叶混在一起，难怪看上去花朵稀疏。和中华绣线梅精致的筒形花朵相比，这种花是粗糙一些的钟形，而且喉部颇多绒毛并带着黄色斑点。中华绣线梅像衣着讲究的城市少女，而这种植物的花朵就像朴实的乡下姑娘，咧着厚嘴唇，坦然地笑着。到了这时，我已经知道它是谁家的，双盾木属的云南双盾木。这是一个种类很小的属，全国只有三种。而我，反复见到的就这一种。

我们继续往前，前面的右边是坡地，似乎发生了一次小型滑坡，一堆泥土栽倒在路上，说它们栽倒，是因为草丛和灌木都埋在下面，上面全是泥土。

◆ 中华绣线梅

◆ 云南双盾木

◆ 短蕊万寿竹

大家都小心地绕行而过，脚步踩着薄薄的泥土。我也这样走着，却踩到了一个软软的东西，低头一看，似乎是什么植物的块茎。我好奇地把它捡起来，找个方便靠近溪水的地方洗了洗，很漂亮的块茎，浅绿色，上面有着水纹般的褐色线条。我想了想，又回到滑坡那里，仰着头往上面看，寻找着和这个块茎有关的线索。一片绿色中，却有几朵紫色的花像蝴蝶一样在空中闪动。原来是鸢尾的块茎，大名鼎鼎的紫蝴蝶，原生种的鸢尾花。鸢尾花是城市里特别是湿地景观里必备的，园艺品种灿如繁星，我已经放弃了去记它们名字的念头，数据量实在太大。对我来说，不管园艺种多么华丽，都没有原生物种耐看。像这几枝鸢尾，自由自在，无拘无束，如御风之蝶，在山崖上凌空展翅，简直秒杀花园里那些鸢尾花阵。

◆ 聚合草

◆ 红茴香

走着走着，峡谷变窄，头顶的天空布满了树枝。一边走，一边四处观赏的我，又走不动了，各种野花实在是太多了，短蕊万寿竹、聚合草，还有至少三种荚蒾属的植物，都正值花期，令人眼花缭乱。我大致统计了一下，一小时的散步中，记录的野花就达到了20多种。

那天，我最后记录的一种野花是红茴香，当地人称野八角，这可是国家二级保护植物。蜡质的花蕾，如小红灯笼，密集而低调地挂在枝叶的阴影里。有一种叫红毒茴的，几乎和它难以分辨，还好，我记得有一个简单的区分方法是数它们的雄蕊，红茴香的雄蕊 11~14 枚，红毒茴的雄蕊 6~11 枚，找到几朵盛开的花，仔细一数，都超过了11枚，如此才确认是红茴香。

两个多月后，我约上城口的文友子民，又驱车来到猴儿沟。这么好的环境，怎么能只在春天来呢？

同一个地方，这次自己驱车进来，走走停停，感觉和团队来完全不一样了。比如，到了一个地方，我特别喜欢看老乡的屋前屋后，经常有意想不到的植物被他们宠着，有些还一宠就是几十年，几代人。这些依附于人家的植物，就像一面镜子，可以看到这户人家或这个区域的人们的审美和偏好。另外一个原因，就是蝴蝶也很喜欢在有人家的地方停留。我在人们院子里拍到的蝴蝶，并不比野外拍到的少。

◆ 卷丹百合珠芽

还没进猴儿沟，车就停了无数次，沿途人家都开满了花，我们哪里顾得上赶路。正是百合花开的时候，连看几

◆ 卷丹百合

家人，都是百合花当家，有的从篱笆前探出硕大的花朵来，有的侧立于菜地一角，当然，也有气场大的，在屋后的坡上随风招摇，似乎几个女子，听到谁讲的笑话，噗嗤一声，笑得前仰后合。这些人家的百合，我一共看到三种：百合、野百合和卷丹百合。前面两种花期稍过，而卷丹百合正是时候，反卷的花瓣艳艳的，有点像一个满脸雀斑的倔强少女，谁也不理，沉浸在自己的心事里。卷丹百合是特别适合珠芽繁殖的，我寻到一株，果然在叶腋下找到壮硕的珠芽，可惜主人不在，不然还真想讨几粒回家试种。

蝴蝶也不少，在沟口的人家，见到了山地白眼蝶，它已经老态龙钟，停在花上一动不动了。白眼蝶北方常见，在南方却是稀客，我曾在重庆巫溪的红池坝见过，这算是第二次，两次都是山地白眼蝶。想了一下，城口和巫溪都是大巴山脉，属于四川盆地边缘，和盆地中的其他地方当然有些区别。相隔十多步，又见到了嘉翠蛱蝶，当时就小激动了一下，无数次见到这种蝶，可惜没有碰到过特别完整的，而这一只是完美无缺的新蝶。它很敏感，要靠近并不容易，我拿出了双倍的耐心，每次缓慢地靠近，相机的微微一动都会惊飞它，等它落下后，又再次缓慢地靠近。这是一次非常枯燥的较量，饶有兴趣地停

◆ 山地白眼蝶

◆ 嘉翠蛱蝶

◆ 赤瓟

◆ 党参花

下来看我拍蝶的游客们，都伸伸懒腰打着呵欠离开了，忍受不了我的一次次白费功夫。但是我最终还是接近了它，拍到了满意的照片。

见我这么不慌不忙，子民笑着说："猴儿沟今天钻不成了，就在沟口逛逛吧，你不是说还要找挂灯的地方吗？"

"好吧，就在沟口逛逛。"在猴儿沟口搞一次灯诱，确实是我的梦想。

说着话，才走几步，就又走不动了。就在路边的草丛中，我看到一种像是缩小版的南瓜藤似的藤蔓上，露出一口金黄色的小钟，它由五个花瓣构成了漂亮的钟形。赤瓟！我开心地嚷了一声，就跑过去扒开草丛，让更多的花朵露出来。可惜刚入花期，那红色的高颜值果实还没出现。看了一阵，正准备起身离开，才发现被我翻过来的杂草中，有着另一朵钟形花，它本来应该是倒吊着的，被我翻后，钟口竟对准了蓝天。这不是党参的花吗？为了看赤爬，我竟然毫无礼貌地把一株繁茂的党参弄得乱七八糟，好在没有受伤，我小心地整理了一下，一共找到三朵，还就是被我翻过的那朵最为完好。以前拍过党参的全株，我就只是认真地拍了一阵党参花的特写，各个角度都拍了，每一个角度都好看，都忍不住想种一株党参来观察它的一生了。

在沟口逛了一下，我们就匆匆往外走，要在天黑之前物色到适合灯诱的地方。以我的经验，灯诱处须开阔，不被建筑和树林遮挡，视线所及处，最好是植被丰富的树林，如果有原始林或原始次生林，而且比灯诱处略低，那就是梦幻级的了。在寻找的过程中，我还忙里偷闲地又拍了一些植物，其中有一簇桔梗开得实在太棒了。

后来我们在距沟口较远的地方才找到一处人家，其他条件都好，就是视线内的树林弱了些。进院子和正在弄晚饭的男女主人搭讪，他们先有点惊讶，但立即就爽快地答应了，只是担心房间有点乱，食物不合口味，我说了句这些都

桔梗

◆ 灯诱过来，困在地上的云斑鳃金龟振翅欲飞

◆ 粤豹天蚕蛾

◆ 第一次灯诱到溪蛉

不要紧，就欢欢喜喜地上楼了。

和主人们一起吃过饭，天色已经暗下来了，我们来到挂好灯和布的屋顶露台上，在这么高的位置，只见无边的旷野中，只有我们的灯独自亮着。虽然布上前来报到的小东西还不多，但视线所及，有各种翅膀闪动着朝着露台飞来，其中最多的是蜉蝣。几个小时之后，我有点疲倦地停止了记录工作，稍稍有点遗憾，灯下虽然热闹，但除了溪蛉和几只天蚕蛾还有点意思外，其他都比较常见，看来还是离森林远了一些。

第二天一早，我下楼吃早饭，只见晨光下的小院，一少女正豪迈地刷牙，有如势在必得地锯什么坚硬的东西，看得我的牙都有点不舒服了，忍不住给她讲了医生向我推荐的刷牙方法。

吃完饭，从县城赶过来的文友木木到了,一到我们住的院子,她就惊呆了，原来，那个豪迈少女是她表妹，我们一不小心就住进了她亲戚家。这下热闹了，熟悉路的表妹一定要陪我们进沟，想想也是，有她同行，安全！

安全倒是安全，但明显我们的行进节奏和速度都是不一样的，刚进沟口，我又走不动了，先是拍花开得披头散发的栝楼，后面又一蹲就是一个坑，小心翼翼拍竹叶子的花，别看这

◆ 溪蛉

◆ 栝楼

◆ 竹叶子，竹叶子属唯一的物种

花小得不起眼，但在微距镜头里，却展示出复杂而精致的结构，让人着迷。竹叶子和竹子无关，它是鸭跖草科下的单种属植物，藤本，叶片近似心形，花和叶比起来，小得不成比例。

看我这么用功，木木的表妹兴冲冲地过来看，却啥也没看到，纳闷了一阵，回到路上仰头看天，耐心意外地好，也不催促我们。

终于进沟了，和春天里比起来，一切都那么不同。不再是铺天盖地的花，或者风中微微摇晃的新叶，整个猴儿沟已进入昆虫的时刻：姬蜂虻拖着自己

◆ 姬蜂虻

的长腹，沿着小路巡视，不知是寻找蜜源还是寻找中意的异性；蜜蜂、食蚜蝇拥挤在盛开的接骨草的花团上，享受着后者提供的花蜜；锚纹蛾，这个从未见过大海的物种，却世世代代在翅膀上文了一个漂亮的船锚，一有动静就躲进灌木丛中；点玄灰蝶胆子又大得有点过分，在我的手背上停了，还要在相机上再停一回；斑星弄蝶就比较矜持了，多数时候躲在叶子后面。

我一路走，一路观察或者拍摄，时间很快就过去了。也不知道选择了几次分路，我们脚下的路越来越窄，几乎隐入草丛。就在这一段，事情发

◆ 锚纹蛾

◆ 点玄灰蝶

◆ 斑星弄蝶

◆ 菩萨工灰蝶

生了变化：就像同样在猴儿沟，却不知不觉进入到一个新的天地中一样，奇异的物种陆续出现在我的眼前。

最先是一只橙黄色的灰蝶，我注意到它后翅的反面明显区别于彩灰蝶，心里不禁一动。它似乎感觉到了我的特别关注，立即警惕地拉高飞到我们头顶的树枝上。等了一阵，见它没有下来的意思，只好继续往前。还好，同样的橙黄色灰蝶又出现了，可惜这只略有点残，我拍了两张做资料，正准备放大看看它的后翅，一只完整的又飞进了视野。看来，我碰到它的发生期了。确实是我首次见到的蝴蝶，工灰蝶属菩萨工灰蝶。

◆ 缺翅虎甲

遇见新物种的喜悦让我精神一振，陪我进山的伙伴们也士气大增。

“快来看这个！”子民的眼力特别好，又发现东西了。

我顺着他手指的方向看过去，不由得大吃一惊，差点不敢相信自己的眼睛，为什么热带常见的缺翅虎甲会出现在这里？后来查资料才知道缺翅虎甲在亚热带是有分布的，可能数量少，我还是第一次在热带之外的地方见到。

接着，我又拍了好几种有意思的昆虫，其中金龟子很特别，长长的后足上长满绒毛，绿色的鞘翅上有米黄色斑纹，看上去特别漂亮。后来查到是绿绒毛脚斑金龟，一种极有观赏价值的甲虫。

此时，日头正烈，子民建议到溪沟里避一下，凉快凉快。于是，我匆匆拍了之前来不及拍的几种野花，才离开小路，来到溪沟边，我把脸埋在清凉的溪水里，好久才抬起头来，感觉立即又恢复了精神。

◆ 狗筋蔓

◆ 覆盆子

◆ 猴儿沟的溪水

◆ 绿绒毛脚斑金龟

十年间：从青龙峡到黄安坝

一

2004 年，我跟着老友王继和他的团队到城口，爬的第一座山是九重山，还是从几乎无路的樱桃沟溯溪而上。后来才知道，陡峭的九重山是最令登山者生畏的，而从樱桃沟上山，则是上九重山最难的选择。就像是无意中选择了最严酷的考验，我过关了。

◆ 半山的溪流

◆ 半山的溪流

次年到城口，穿青龙峡上黄安坝，就像进后花园一样轻松而惊喜，山水美景和珍稀物种同样多，却没有任何难度。

那是五一节期间，重庆主城区已近初夏，而车窗外山路盘旋、春意盎然、一派清新。到了山顶才发现，我们竟然还来早了，坝上一片枯黄，草都还没发芽，唯一的绿意来自溪边的皂柳，它们的枝头上遍布雄花的花序，看上去颇有声势。

我提着相机沿溪走了一阵，发现没什么可拍的。午餐时，我想了个主意，脱队自己下山去半山的溪沟里考察半天。上山的时候，我就留意到那一带了，花多蝶飞，季节正逢其时。一小时后，我就如愿出现在溪边的公路上，我在这里下车，是因为看到了似乎可以走进溪沟的小路。

刚走进小路，就看见一对当地装束的年轻男女在那里拌嘴，姑娘很不高

◆ 裤裆果

兴地噘着嘴，小伙子从另一边讨好似的捧着红色的果子走了过来。原来，他们在这一带采集，姑娘负责摘野生花椒树上的嫩芽——花椒芽炒肉是超级美食，但是不小心被花椒刺扎了，呼叫男的求安慰，小伙子却在那边只顾吃。我看了一眼他手上的果子，立即吃了一惊，这果子好生奇怪，每一枚都像是一个红色的裤头，质地和色泽看上去又有点像枸杞。

见我感兴趣，小伙子热心地带我去看长着这种果子的灌木。大约有两米高，单叶对生，叶子背面有白色绒毛，果子结得很密。摘了一粒放在嘴里，感觉到甜甜的汁充满了口腔，是那种很舒适很单纯的甜。我只看出是忍冬科的植物，小伙子也不知道它叫什么名字，只知道能吃。后来查资料，原来是苦糖果，如果要顾名思义就要被带偏，因为根本就没有苦味。它的土名叫裤裆果，取其形，很生动。大名苦糖果只是土名的谐音。

告别他们后，我继续溯溪而上，小路逐渐消失，好在是枯水期，溪水退让出平坦的沙滩来，行走无碍。

溪水中有敏感的鱼虾，没有工具，无法仔细观察或拍摄，我拍了一会儿蜉蝣和石蝇的稚虫，就放弃了水里的物种，专心在灌木丛中寻找昆虫。其实都不用找，各种有趣的虫子太多了：蜂虻悬停在空中，蝎蛉在阴暗处一动不动，

◆ 石蝇的稚虫

◆ 溯溪而上，渐入佳境

硕大的天牛举着它们长长的触角冷不丁闯进视线又飞远……一个小时内，我就记录了20多种。

当我来到又一处沙滩时，眼前不觉一亮，一处潮湿的沙地里，竟有一群蝴蝶在那里汲水，可惜那是一个低凹处，必须靠得很近才有合适的机位进行拍摄，我远远拍了点资料，再小心靠近观察，发现蝶群种类还不少，至少有剑凤蝶、碧凤蝶、黑纹粉蝶等。

◆ 蝎蛉

这时，剑凤蝶被我惊动了，拖着它们长长的剑突飞了起来，露出了原本被它们遮住的一只蛱蝶。好漂亮！我不由得惊叹一声，这只蛱蝶的反面，后翅咖啡色，前翅却带有黑白鲜明的色斑。我决定放弃其他的蝴蝶，只盯住这一只从未见过的蝴蝶。

随着我的靠近，蛱蝶没给我任

何机会，敏捷地拉升到空中，远远地落在了20米外一处长满青苔的石壁上。担心它离开我的视线，我只用余光注意脚下安全，眼睛死死地看着那处石壁，慢慢走了过去。10米、5米、2米，我不敢再靠近了，但奇怪的是，石壁上没有蝴蝶的影子。我一动不动，目光几乎是一行一行地扫描着那处石壁，终于，在同样黑白相间的苔藓里把它找到了。没有好的拍摄角度，我举起相机，远远地拍了几张，它就飞走了。这是累积蛱蝶，一种相当罕见的蝴蝶。

◆ 安静地栖息在岩石上的累积蛱蝶，你能找出来吗？

我抱着侥幸心理，又回到那处潮湿的沙地，看看还会不会有蝴蝶回来。没有，一只也没有回来。这里的蝴蝶真是太敏感了。但是，在不远处，我又发现了一只蛱蝶——大二尾蛱蝶，它吃得很投入，根本无暇理会我，我尽量不打扰它，慢慢趴下身子，获得好的机位后按下了快门。

◆ 大二尾蛱蝶

晚上的节目是烤全羊，大家就在一个大棚下面玩各种游戏，正在气氛热烈时，我一眼瞥见灯光里有一只大蛾子在扑腾，赶紧拎了相机就冲过去，待它终于停稳后，看清是一只从未见过的天蚕蛾，后翅的眼斑很特别，里面有一个银光闪闪

◆ 尊贵丁目天蚕蛾

◆ 尊贵丁目天蚕蛾

的丁字。后来才知道，这是分布范围很小的尊贵丁目天蚕蛾，重庆陕西交界一带，正是它的分布范围。

活动结束，我们在回房间的路上，都缩着脖子，寒风竟有刺骨之感。其实我白天在坝上看情形，就知道晚上不可能夜探。于是径直回了房间，当然，路过走廊、大厅等有灯的地方，我都习惯性地仔细看看有没有被灯光吸引过来的昆虫，还别说，冷清的走廊灯下，发现一只从未见过的褐蛉，它的翅上竟有两个弧形的缺口，我不敢动手抓，只有趁它在灯下扑腾的时候，把手伸上去，它果真停在了我的手上，让我得以仔细观察和记录。这是我唯一一次见到双沟大褐蛉，半年后才知道它的名字，而且再也没遇到过。

◆ 双沟大褐蛉

离开黄安坝，听说有个山民收养了两只黑熊孤儿，大家

◆ 看见人多，另一只还有点胆怯，慌忙中爬上了树

◆ 黑熊宝宝一边吃奶，一边警惕地盯着想来蹭吃的黑狗

◆ 七年后，我在青龙峡再次看到它们，都长大了。还是那样，一只见人就跑。我只拍到另一只。

都想去看。到了这家院子里，远远看到三个黑糊糊的家伙，我还有点诧异——不是说的两只吗？再仔细一看，原来，其中一只是黑狗。看上去三个宝宝很和谐，但是山民端出牛奶后，真正的关系马上就暴露了，两只小熊各霸占了一盘牛奶，黑狗畏畏索索地凑上去，立即被一掌拂中，一声哀嚎退了下来。小熊一边贪婪地吃奶，一边用眼睛的余光警惕地盯着黑狗，护食的意识非常强烈。

二

2011 年 7 月，我率领一个团队到城口县采访，其中旅游资源部分涉及青龙峡和黄安坝，终于有机会在青龙峡多待一会儿。

晚饭订在一个山庄，半山上。和大家交流完后，我登上山庄的顶楼，发现有一个超大的视线无敌的大露台，当即决定饭后不回县城，先在这里搞灯诱。

和主人落实完灯诱细节后，我乐滋滋地沿着石梯小路上山了，因为看上去能进树林，这条路很陡，走完了也没什么收获，只好灰溜溜地原路返回。我放弃了林子，另寻了一条田野里的平坦小路，一个人慢悠悠地走进去。一条路旁是一条小溪，算是青龙峡中小河的支流，水汽蒸腾，蜻蜓不少，其中颜值较高的是巨齿尾溪蟌，我等到机会，拍了一组，本来想拍它们交尾，可惜没找到成对的。

◆ 巨齿尾溪蟌

◆ 高粱泡

◆ 高粱泡

离开溪流后，小路逐渐变窄，植物倒是丰富起来，拍了一些草本植物后，我发现坡上竟开着几朵硕大的百合，要靠近它们却不容易，瀑布一样的悬钩子植物阻挡在前，仔细一看，是高粱泡，正值花果期，我摘了几粒放在嘴里，酸甜可口。我一边吃，一边慢慢把它们长满刺的藤条拉开，然后侧着身子，从间隙里往前挪动身子，慢慢接近了其中一朵百合，拍到了照片。百合属里面，百合和野百合只看花很难区分，要凭叶子，百合的叶子是披针至卵形或倒卵形，而野百合是披针至条形。这还是我第一次在野外拍到百合本种。

◆ 百合

晚饭后，高潮来得让人来不及作好思想准备，大露台上的灯刚点亮，各种精灵便蜂拥而至，说蜂拥还真没错，因为第一批来到灯下的就有四种蜂，然后是天牛，我记录到四种……总的来说，蛾类和甲虫最为丰富。

锹甲是众人都喜欢的类群，它们稳重些，晚上 10 点之后才到，先到了一只褐黄前锹甲，接着就厉害了，空降一只深山锹甲。

“斑股深山锹甲！”我脱口而出，那段时间我正对锹甲感兴趣，看着这只很像。

确实很像，但不是！所有特征都对得上，但这只的胫节都是鲜艳的黄色。我有点受挫，连声说错了错了。后来回家一查，原来是黄胫深山锹甲。两个种还真是非常接近。

青龙峡是一个绝对能给人意外的地方，当我们从甲虫的包围中分神出来，在灯光下观察别的深夜访客时，真正的主角华丽登场了，它就是意草蛉。

意草蛉颜值高，相当罕见，昆虫爱好者在野外极难发现，还好它有趋光性，灯诱时有机会一睹芳容。在此之前，我仅在重庆的四面山大窝铺的灯诱

◆ 褐黄前锹甲

◆ 黄胫深山锹甲

◆ 黄胫深山锹甲

◆ 意草蛉

中见到一只。但是青龙峡的意草蛉，不是一只，而是几十只集体来到，一时间，它们精致的小翅膀密密地闪耀在灯光里，直到一个普通的灯诱现场变成了童话世界。

意草蛉是很不安分的，在灯下几乎不停地降落、起飞，我好不容易拍到了清晰的照片，顾不得满头大汗，就举着相机欢呼了一声。

◆ 李拖尾锦斑蛾

几乎就在意草蛉集体空降的同时，现场还来了一只特别的蛾类——李拖尾锦斑蛾，锦斑蛾的观赏性众所周知，有些锦斑蛾还喜欢白天活动，但李拖尾锦斑蛾恐怕是气质最为高贵的，它一袭纱衣，衣领似有黄色花环，后翅拖着宽大的尾巴，仙气十足。可是留给我的拍摄机会不多，勉强拍到几张，它就扑腾到一个够不着的高处去了。

三

2014年7月,我和同样痴迷昆虫的任川各驾一车,约了几个朋友来到城口,正逢连续降雨,四处水汽弥漫,晚上休息时我还在想,专门选了这个高山草甸最好的时节来看黄安坝,难不成要被雨阻于山下?

还好,上黄安坝那天,天气晴好,当地朋友带我们上山,选择了一条偏僻的公路,据说看风景绝佳。其实,还没拐进这条路之前,风景就已经很好了,我们几次忍不住停车,回望山下,一尘不染的蓝天下,山峦高低错落,随便一个角度看过去都是风景大片。可惜,我们都不是来拍风景的,所以,我观察了一下,多数人都是赞叹几声风景真好,便低头甚至转过身去,只管在草丛灌木上寻找有趣的昆虫。

那一路,我倒是被野花迷住了,拍了十多种,其中第一次见到的有两种:紫斑风铃草和大卫氏马先蒿。

◆ 上黄安坝的公路

紫斑风铃草有着倒垂的筒形花朵，确如风中之铃，和其他的风铃草比起来，它的花朵硕大，紫色的小雀斑深藏在筒形里面，你须小心地把花朵转动向天，才能看见。这个野花，简直是太好的园艺植物资源了，我想，植株小花量大，形色俱美。六年之后，有一次我在重庆逛花市，还真在花市上看见有人售卖，我请教了店主，说很受客人欢迎。

◆ 紫斑风铃草

我在重庆第一次看到的马先蒿，就是从未谋面的大卫氏马先蒿，它们生长在一堆乱石里，高达 10 厘米，花序挺拔优雅，花朵也精致耐看。

那一路很精彩，除了野花多蝴蝶多，我们还看到一条缩在草丛中晒太阳的蛇，我勉强辨认出是菜花原矛头蝮，此蛇剧毒，不可靠近，我只远远地拍了个记录，头都没拍到。

◆ 大卫氏马先蒿

◆ 大卫氏马先蒿

◆ 七月黄安坝

◆ 野草莓

◆ 石生蝇子草

我们从另一个方向开上了黄安坝，当眼前一片辽阔，众人惊呆了，有人脱口而出："这个场景太熟悉了，不就是 Windows 最经典的那个桌面吗？"绿草坡、蓝天和白云构成了我们熟悉的桌面，不同的是，桌面是静止的，而我们眼前却是移步换景，走几步画面就会发生变化。

一边看着风景，听到身后有轻微的欢呼声，转身一看，几个年轻人已经蹲在草丛中吃起野草莓来。这里的野草莓密度惊人，我侧着身子，找了个角度看过去，草叶下竟是拥挤的红色、白色果实。白色的更甜，但拍出来好看的还是红色的果实。

接着，我拍到一种蝇子草，后来有人认出是石生蝇子草，这个物种资料上

◆ 鸟蛋

说陕西有分布，城口县紧挨着陕西，这就不奇怪了。

下山的时候，我在一条小道旁的土坡上，发现一个奇怪的洞，洞很浅，但灌木多，看不清楚。我把相机举起来，伸进蕨类植物中盲拍了一张，然后收回来看，不禁乐了，原来是一个鸟窝，怕惊动亲鸟造成弃巢，我没敢拍第二张，也没有及时告诉同行的伙伴，默默地继续赶路了。

◆ 小白鬼伞属菌类

2014 年 8 月，我第四次上黄安坝。这次走的线路迂回曲折，东道主安排我们看了好几个镇，去往青龙峡的路上，我看到了极为震撼的画面。绝壁之上，垂下几根绳子，两个山民背后各扎一个口袋，正缓缓向下移动，酷似墙上的蜘蛛。东道主介绍说，这是采岩耳的山民。真没想到，我们喜欢吃的岩耳，竟是他

◆ 采岩耳的山民

◆ 香青

◆ 红蓼　　◆ 鹤草

们冒着生命危险采来的。我们一行人全看呆了，我看了一阵，才想起换了个镜头，拍了几张。

这一次上黄安坝，我动植物都拍，但毕竟是集体观光，不容我有太多时间独自搜索，我拍了鹤草、细毡毛忍冬等 20 多种植物。其中最爱的是香青花，这种花要凑近看，才能发现它的特别，每一枝都像是一扎菊花，

◆ 红灰蝶

◆ 刺蛾幼虫

但是花瓣骄傲地坚挺着，一副决不讨好谁的样子。

好几次碰到蝴蝶，如果我是单人行动，肯定是能拍到的，但人一多，要不然是怕掉队不敢花时间缓缓接近，要不然就是正在拍摄时好奇的人凑过来把蝴蝶惊飞，总之太难了，我错过了好几种从未见过的蝴蝶。这是另一种折磨，我暗想，以后来黄安坝这么好的地方，再也不能跟团来啦。拍到的几只蝴蝶，都是胆大的，人越多，越来劲，围着人飞个不停。其中有我第一次记录到的红灰蝶，也算略有安慰。

九重山记

有一次，在一个聚会上，有位酷爱登山又喜欢写诗的人找到我，希望我为他的诗集写序。他说，这是一本很特别的诗集——因为他这十多年来，有计划地登完了重庆有代表性的山，而且为每座山写了一首诗。

听上去太特别了，我兴致勃勃地展开了他打印的诗集，读了几首，就有点尴尬地合上了。

熟悉的老干体，让我的心情很复杂，很心疼他这么多年的坚韧旅行，也心疼那些被他写过的山。很多人所理解的诗歌，就是他们读过的那些小套路。但是他们真正的经历，放不进那些套路里。

那是在重庆北城天街的一个茶室里，我若有所思地抬起头来，望着窗外，他惴惴不安地望着我。

我们就这样以各望各的方式对峙了几分钟。

最后，我转过脸来，看着他，说："你知道重庆城口的九重山吗？"

"不知道。"

"那是我觉得重庆最值得登的一座山。既险又美，万山之王呀。"完全不是为了应付他，我真的沉浸在对九重山的回忆中。停顿了一下，我又说："你去登那座山吧，从樱桃溪往上一直走。说不定你能写出最好的一首诗。等你把这首诗补上了，我就给你写序。"

"真的？"他一下子站了起来。

"真的。"我望着他的脸，很肯定地说。

这又过去了好多年。他没有去登九重山？或者去了，登山的经历，让他

◆ 城口的崖石

觉得这本诗集应该重新写一遍？这个人再也没有出现，我有时想想，还觉得挺惋惜的。

我所说的九重山位于重庆之北的城口县，属于大巴山脉的南侧。大巴山脉以陡峭之势，插入重庆，贯穿重庆的城口县、开州区、巫溪县，最后在湖北境内形成莽莽林海覆盖的神农架。除了造就千姿百态的风景外，更是一个非常重要的生态走廊，依我个人的粗略评估，如果没有大巴山脉，重庆的动植物物种数量可能会减少 30% 以上。而九重山更是处在这个大型生态走廊的起点，承接大巴山的走势，获得了众多的高峡窄谷，生物多样性价值也极为显著。

第一次听到九重山，还要从我们当时一起玩的大家论坛说起。2005 年夏天，有一个重庆城口籍的大学生，在大家论坛上分享了他和伙伴们从樱桃溪登上九重山的经历。九重山独特的风景，一下子吸引住了大家的目光。其中一张照片，我至今仍记得，山峰身披朝阳，山脚下是葱茏的树丛和草原，

掠过车窗的山峰

而中间是一层整齐的云雾,像富士山却又更精致更神秘,一下子就圈粉无数。不过,我们的注意力都在风景上,基本忽略了也有部分图片讲述了攀登过程的艰难。

九月,我的老友、重庆一家妇女杂志的主编王继准备带队到城口九重山去搞团建,问我去不去。这算是个福利,因为我也常为他们刊物评刊或者出主意,他知道,所有生态好的地方对我都有致命的吸引力。“去呀,当然要去。”我毫不犹豫就答应了。

中旬的一天,经过八九个小时的颠簸,我们进入了城口县境内。那是我第一次进入重庆的北境之地,沿途尽是陡峭入云的山峰,看着既养眼又心生敬意。我印象最深的,是石崖上密布百合,虽然花已开过,但植株仍然悬空傲立寒风中。花开时,这一带该会多美。

傍晚的时候,我们入住城口县招待所,享受了印象深刻的一顿晚餐,说起来没什么特别的做法,但当地的食材确实好,比如土豆,实在太好吃了,煮、煎、红烧都很好吃。有一盘小鱼引起了我的注意,是一种我似乎见

◆ 王继与夏贵金

过的鱼，头锥形，口在下位，后背隆起，鳞片很小。吃起来细腻、鲜美。感觉很像是四川雅安地区的雅鱼。问了一下当地人，说是洋鱼。后来我根据拍摄的照片，查到是裂腹鱼，是城口本地的原生鱼种。而雅鱼也是一种裂腹鱼，怪不得如此相似。

指导我们做城口行程的是县林业局的副局长夏贵金，见面后，他听说我们对九重山情有独钟，非常高兴，但同时脸上浮现出一丝异样的神色。过了很久，当我顶着月光在九重山上赶路的时候，终于读懂了这一丝神色，但是，那一刻为时已晚。

夏贵金对向外宣传和推广城口的森林和旅游资源有着非同一般的热情，除了九重山，还着重介绍了县城附近的几个景点，抽时间亲自陪我们去看。九重山其实已经够大，溪流、瀑布、峡谷、险峰、高山草甸应有尽有，他为什么还要热情介绍更多景点？我们当时也没有明白，明白的时候，同样为时已晚。

◆ 樱桃溪的层层山门

◆ 出发前,王继从合影的女队员旁默默走过。全队员名单(左起):曾杨、曾珍、郑小霞、黄兰、程晨、王丹璐、李雪杉

总之,第二天看了几个他推荐的景点,第三天上午,我们才到了樱桃溪。按照夏贵金的安排,我们午饭后上山。当时我很困惑,还问,为什么不上午就登山。王继解释说,上午出发就要准备干粮,这条路很难走,团队女生多,负重登山太困难,下午的话,登顶到场部吃晚饭。嗯,听上去挺有道理的。

女生们忙着互拍照片,我忙着在山谷前寻找蝴蝶、昆虫和有意思的植物,我们都没有浪费登山前的时光。

毕竟是九月了,已过了观察蝴蝶的好时光,山谷里只见着一些粉蝶和灰蝶,我小心地凑近它们,记录到宽边黄粉蝶和点玄灰蝶,都是比较常见的。另外有一只线蛱蝶,略有点残,非常敏感,试了几次都不能靠近。于是放弃了寻蝴蝶,想看看灌木和草丛中有什么昆虫。

◆ 宽边黄粉蝶

当我俯下身来，才发现这些荒芜之所原来是热闹的幼儿园。在荨麻科的某种植物上，几只大红蛱蝶的低龄幼虫在匆匆啃食着叶子，好像在和秋天赛跑，并抢在冬天之前成蛹化蝶。在一株樟科植物的幼苗上，发现了一只青凤蝶属蝴蝶的低龄幼虫，它就一点也不着急，啃食几口，就抬起头来思考一阵，像在品鉴树叶的滋味，有点美食家从容、淡定的派头。高一点的灌木上，我找到了硕大的有着翡翠般身体的天蚕蛾幼虫，从特征上看接近绿尾天蚕蛾，矮一点的灌木上，我发现了一窝叶蜂的幼虫，它们都喜欢弯曲着身子，把自己弄成 S 形。最有意思的，是一种蛾类的幼虫，它头顶隆起，眼斑突出，拟态蛇头，如果你没有思想准备，

◆ 大红蛱蝶的幼虫

◆ 绿尾天蚕蛾幼虫

◆ 像蛇头的幼虫

◆ 扁刺蛾幼虫

◆ 竹蛉

猛然看到它，一定会被吓一跳。

不知不觉，拍了半个小时的幼虫，我抬起头来，继续往旷野里走，但不敢走得太远，因为随时会有吃午饭的召集令。走了几十米，我发现仍然在昆虫幼儿园的范围内。我在一枝斜垂下的枝叶上，看到了一只漂亮的幼虫。这只幼虫浅绿色，像一个小龟壳，略隆起的背部贯穿着白纹，两侧各有八组刺毛，刺毛与背部之间还有红色的斑纹，整体像一个讲究的小艺术品。看着看着，我想起来了，这应该是扁刺蛾的幼虫。扁刺蛾家族广泛分布于我国，危害果树和其他林木。以前看过图像资料，没想到实体颜值竟然很高。我拍了又拍，心中赞叹不已。

走完这段荒坡后，前面是几块巨石，巨石上也有藤蔓和杂草，巨石脚下野花盛开，正是野棉花闪耀的季节，它们硕大的花朵密密挤在一起。我小心地经过，尽量不踩到它们。想靠巨石近些，看看上面有没有兰科植物。

◆ 溪谷旁，石头上也长满植物

◆ 正是野棉花闪耀的季节

◆ 蛛蜂带着猎物——一只麻醉了的蜘蛛回巢

我总是对兰科植物有着异乎寻常的热情。

突然，石壁上，我看见一只蜂做了一个很奇怪的姿势，它背部猛然弓起，尾刺弯向自己的腹部下方，这是典型的攻击姿势啊。我条件反射地举起相机，已经晚了。它的攻击瞬间就结束了。在它松开足，退后一步，从容观察自己的猎物时，我看清楚了，一只蜘蛛在那里一动不动。原来是蛛蜂！这是一种非常阴损的蜂类，它会用毒液麻醉蜘蛛，带回巢中，让蜘蛛们不能动弹却又不马上死亡，成为它们产卵育儿的温床和食物。它退后一步，是为了自己不被蜘蛛伤害，一旦判断对方完全失去行动能力，就会带上它回家了。我第二次举起相机，果然，蛛蜂伸出前足，拨了几下蜘蛛，就抓起它，摇摇晃晃地飞了起来。但飞不了多远，又在一处石壁上停下，走了几步，再次起飞。在这个过程中，我拍到了一组照片，开心极了。虽然曾经在野外观察到蛛蜂的攻击，但拍到它携带猎物回巢还是第一次。

午饭后，王继带着我们沿溪流边的小径出发了，前方是云雾缭绕的群山深处。夏贵金微笑着看着这个主要由女生构成的花枝招展的队伍，反复说："爬不上去不要紧，原路返回，我给你们准备晚饭哈。"

为了万无一失，王继请了一位老乡当向导，还可以帮着大家背点行李。大家一边拍一边走，速度很慢，我倒也不着急，正好看看沿途的动植物，用相机作记录。

刚开始还有路，走着走着路就汇入了溪流。原来，才走几百米，我们就只能在樱桃溪的河床上行走了。

大家兴致都很高，因为景致实在太美了。我们前面的峡谷不断变幻着图案，有时开阔，有时逼窄，还总有云雾从峡谷中升起。视野里，山有很多层，近处的颜色深，远处的浅，最远处的和云雾连接在一起。

◆ 花枝招展的队伍出发了

“这里太适合拍古装片了。”有人评价道。

慢慢地，有些地方必须要涉水了，生怕鞋子沾水的女生不时传来惊呼，因为要踩的卵石都滑滑的，随时都有失去平衡栽进水里的可能。我注意看了一下向导，他穿着一双解放鞋，直接往水里踩，步子稳得很。这是最廉价的溯溪鞋，也特别好用。我不由得低头看了一眼自己的登山鞋，这可不敢往水里踩，不然一会儿离开溪流上山步行就艰难了。湿透的鞋会很重，脚也相当不舒服。

又走了一段路，我们进入了一个窄窄的峡谷，两岸全是陡峭的石

◆ 向导带着几位男士探路

◆ 前方已没有路了，只能溯溪而上

◆ 进入幽深的峡谷

壁，但脚下却很平坦，走着很舒服。如果时间足够，这段峡谷倒是野外观察的极好区域，我在峡口附近的醉鱼草上，看到了两只略有点残的凤蝶，一只是常见的碧凤蝶，另一只却是珍稀的金裳凤蝶。金裳凤蝶很敏感，人群的

◆ 峡谷里，发现一只黑翅脊筒天牛

喧哗让它很快飞走了。我只拍到了碧凤蝶。

看着风景好，大家决定休息一下，拍照及喝水。我蹲下来看清澈的溪水，发现里面水生昆虫不少，比偶尔游过的小鱼还多。数量最多的是蜉蝣稚虫，然后是石蝇稚虫——后面这种小家伙，把自己裹在小管子式的巢里，安全得很。

“李老师，快来看这个。”有人在远处喊我。

我快步走过去，原来，地上有一只螳螂，是我从来没见过的种类。它全身深褐色，翅膀轻薄，足如细铁丝。更有意思的是，人类应该是它从未见过的庞然大物，但它却没有丝毫畏惧，它爬到石滩里最高的一块石头上，没有一点要逃走的意思，举起一对褐色小刀，像表演，又像是威胁。

◆ 古细足螳

那气场，感觉它才是这峡谷里的小主人。我趴在地上拍了几张照片，叮嘱其他人经过时小心，别踩着它，然后轻手轻脚离开了这个骄傲的刀客。后来请教了昆虫学家张巍巍，他说这是古细足螳，比较罕见。果然罕见，在后面的十多年野外考察中，我再也没见过这个种类。

走出峡谷，走在前面的人停住了，原来，我们走到了溪流的断层下方，溪流到这里变成跌水，冲击出一连串的水潭。居住在上面的山民，为了通过断层，制作了简易的木梯，但木梯已残了，又在水流正中，人必须要走进水潭才够得着木梯。

向导已经走过去了，他判断梯子还能用。为了不湿鞋，我脱去鞋袜，放进包里，赤脚走进了水潭。虽然才九月，但山里的溪水冰冷刺骨，只好咬着牙坚持着，尽量走稳。赤脚可远远不及穿鞋步子稳，因为下面的石块什么的，有时非常尖锐，踩着很痛。如果上面还有很长一段水路，我想还是得把鞋穿上。不然，可能走不了多远。

多数人都是穿鞋走进水潭的，包括刚才怕打湿鞋的姑娘们。看见前面的路如此险峻，重庆妹子天不怕地不怕的劲头反而上来了，没有一个人想撤退。

◆ 王继像母鸡一样牵着一群小朋友过独木桥

◆ 互相帮助，慢慢靠近木梯

◆ 小申（右）帮助队友穿过流水区

我们沿着全是流水的木梯，小心往上爬行，狭窄处，两边的岩石已挤到一起，队伍左冲右突，非常艰难地穿过一个水声轰隆的曲折洞穴，才到达断层上方。看着完好的队员们，王继松了口气，他是真担心自己带出来的这些人，有一个踩滑了摔下去，那就麻烦了。

经过惊心动魄的溪流跌水地带后，前面的坡上出现了小路，大家松了一口气。我看了一下时间，是下午两点半左右。仰头看了看前面的山峰，估计只需要一个多小时路程了。虽然路有点陡，但我还是把摄影包放下来，重新取出相机，抓在手上。这是人迹罕至的山地，我不想错过任何精彩的物种。

可是，相机是取出来了，却几乎没有拍摄机会，因为同伴们都已疲倦，而路又陡又滑，时常需要我出手相助。

两个小时的樱桃溪穿行，已经让这支弱旅体力耗尽。我自己扳着指头数了一下，还有能力帮助队友的，除了向导，就只有三个人。一个是王继的朋友、在重庆师范大学工作的老周，他常年

◆ 洞中的一处木桥，非常湿滑

◆ 川东大钟花特写

坚持户外活动，野外经验丰富，体能充沛。一个是美编小程的男朋友小申，小申看着清秀，但一到溪流中身体的强健就显现出来了。还有一个就是在野外走了五年的我，其他人都把背包给了向导，我却背着自己的摄影包。这样的情形下，我不可能只顾自己的拍摄。只有在小路相比平缓，或者有什么特别物种时，我才努力腾出手来，草草拍一下。

就这样走了一个多小时，路边的一株植物让我眼前一亮。只见它的茎斜斜伸出，钟形的花整齐地分布在顶端。花瓣背面有着绿色的网脉。这是什么植物啊，叶子像兰科植物，但花形又像是风铃草。我在脑海里拼命搜索，找不到对应的物种。没有时间让我多端详，我匆匆拍了一组图片就离开了。完全没有意识到自己是多么幸运的人，碰到的是多么珍稀的物种。

两年后，我在新闻里意外看到同一种植物，新闻里说它是大名鼎鼎的川东大钟花，此花还有一个漫长的故事。

1888 年，英国驻宜昌领事馆医生奥古斯特·亨利在沿三峡调查采集

◆ 川东大钟花

植物期间，在巫山北部采到川东大钟花的标本。该标本在英国皇家植物园——邱园，由著名植物分类学家赫姆斯利鉴定为龙胆科龙胆属新种，特点在于其花冠具网格状脉。1890 年，该新种在《林奈学会植物学杂志》发表。1967 年，瑞典植物学家史密斯建立大钟花属并将该种转隶大钟花属下，命名“川东大钟花”，为中国特有珍稀濒危植物。但是之后的几十年里，植物学家们再也没有看到过它的踪迹，直到 2007 年在重庆开县被意外发现。

看完新闻后，我打开电脑，重新调出了九重山之行的图片。没错，就是它，川东大钟花。原来，在开县发现它之前两年，我就在城口遇到了它。身在奇遇中而不自知，毕竟还是学识有限啊。即使这样，我还是高兴得在书房里转了好几个圈。

又继续往上，再往上。下午四点过，我们终于全体登上了峰顶，回首望去，樱桃溪已隐身于云雾之下，犹如深渊。把视线收回来，打量四周，

◆ 远远看到一处棚屋，大家一阵欢呼

发现峰顶犹如鲤鱼之背，在云烟中浮现出来。这就是山顶？我们的目标，九重山林场场部在哪里？

有人看到，远处有一棚屋，大家一阵欢呼，就走了过去。棚屋很小，不像是住人的，倒像是方便人们照顾附近的几小块庄稼地的简易场所。

向导在我们旁边解释说，我们才走了一小半，要走到真正的九重山顶，以我们的速度，还需要至少五六个小时呢。对体力消耗到极限的众人来说，这个消息不亚于五雷轰顶，大家一下子沉默了。

我第一时间想起了夏贵金送我们出发时的微笑，里面颇有内涵。他定是判断我们这支弱旅，根本不可能走过溪流的断层，所以才说安排好晚饭等我们返回。但是，王继的团队，远比他想象的要坚强，不仅出乎意料成功穿越断层，还上了第一道山顶。

但比较尴尬的是，我们现在进退两难，再过两小时天就会黑，我们立即进入饥寒交迫的境地，而不管前进还是后退，那时必定还在路上。

关键时刻，王继发挥出了带头大哥的作用。他分析说，回程可能时间短些，但差不多是在天黑后才能过断层，向下比向上更难，所以风险极高。往前路途再长，我们慢慢走，反正能安全到。然后又是眉飞色舞地给众人打气，让大家休息一会儿就赶路。瘫坐在路边的众人，都被他说笑了，都说要尝试一下披星戴月赶路的滋味。

正聊着天，我突然发现人群背后的草丛里，不知什么时候飞了一只蝴蝶过来，起身快步靠近一看，是一只有着漂亮眼斑的眼蝶，很像是艳眼蝶。但是眼斑外有一团橙红色，和艳眼蝶可以区别开。我心里一动，感觉很像我在网上见过的舜眼蝶。可惜，它几乎没停，我只拍到它在草丛里闪躲的照片。我和舜眼蝶的第一次照面，竟然如此潦草。

◆ 四照花的果实红了

如果有时间，就在这一带搜索，要找到这只舜眼蝶应该问题不大，但由于不能脱队，只好悻悻地背上摄影包，和众人一起往前走。

“我们现在到了第一重山，九重山嘛，意思是前面还有八重山。”向导在我们前面打趣地说。

“我的天呐！怕要走到明天天亮了。”有人听得一声惊呼。

众人哄然一笑，都暗暗加快了脚步。

走着走着，我就走不动了。小道两边，竟然全是四照花，正值果期，鲜红的果子简直有铺天盖地之势。四照花又名山荔枝，是著名的野外观花植物。据我的知识，四照花属的所有果实，都是可以食用的，区别无非是好吃或不

◆ 八月瓜，只能在长焦镜头里看看

够好吃。于是，我纵身跃起，说要采几粒来食用。我的举动把同伴们吓坏了，他们不由分说，推着我就走，说不能冒险。又过了一会儿，前面的树上垂下几根藤，上面挂着紫红色的荚果，这不是八月瓜吗？这比四照花果更好吃啊。我停住了脚步，四下张望，想找一根竹竿，把八月瓜捅下来。这次没人阻挡，但并没有竹竿之类的东西。我只好咽了下口水，恨恨地继续赶路。

两个小时后，我们已经记不清楚经历了几次下坡又上坡，经过了几户人家，道路变得平坦了许多，此时，天色已有些昏暗。我看见王继走到队伍的后面，脸色极为难看，看来他之前的眉飞色舞，只是为了给团队打气，他的体力早就透支了。我靠近他，小声问他需要停下来休息不。他看了一眼走在前面的众人，摇摇头，继续慢慢往前走。

走着走着，前面突然开阔，本来和前面的山岭一样的鲤鱼背，变成了开阔的草地，走近一看，还是开满了白色花紫色花的草地。走得已经相当沉默的队伍，又变得兴奋起来，都掏出相机，借着黄昏的最后一点光线拍风景片。

我停下脚步，仔细看了看，紫色的有几种，其中一种是沙参，白花有点远，茫茫的一片，只勉强看出是菊科的种类。

野棉花开得连成了片

◆ 老周靠在树上拍风景

我们在花海里继续向前，不得不说，这是一个美得有点不真实的场景，下面是走得有点轻飘的人们，上面是无边的夜空，月亮像一盏黄色的灯，照着隐约可见的小道。走着走着，感觉自己真的有点轻盈了，像走在某张印象派油画里，像走在某部欧洲文艺片中的原野上……原来，美从视觉开始，它在传递到我们心灵的过程中，仿佛自带一种力量，特殊时候，这种能量释放出我们沉睡的潜能，让我们迅速摆脱精神或身体的困顿，恢复到神清气爽的良好状态中。淡淡的月光中，我们的目光变得锐利，看得清小路的所有细节，感觉得到队伍中某个人的步伐。我甚至觉得，能一直这样走下去，直到天明。

◆ 终于经过了山顶的一户人家

◆ 深夜赶路时，我拍了一下月亮

晚上九点，我们终于到达林场场部。见到我们，工人们松了口气，说大家都等了很久了，山上山下的人都担心着我们呢。

很多年后，我写了首诗，回忆当年在月亮下赶路的情景，时间过滤掉当时的全身疲惫特别是无比沉重的双脚，只留下了那空旷无边的苍茫之美。

九重山

多年后，我仍留在那座不可攀登之山
有时溯溪而上，有时漫步于开满醉鱼草花的山谷

它和我居住的城市混在一起，我推开窗
有时推开的是山门，有时是金裳凤蝶的翅膀

夜深了，半人高的荒草中，我们还在走啊走啊
只是那个月亮，移到了我中年的天空

几乎是我想要的生活：堂前无客，屋后放养几座山峰
前方或有陡峭的上坡，不管了，茶席间坐看几朵闲云

依旧是一本书中打水，另一本书中落叶
将老之年，水井深不可测，每片落叶上有未尽之路

第二天，我很早就醒了。我还记得昨晚睡着前他们的谈话，好像是接到山下的电话，暴雨将至，为了这么多人不困在九重山顶，我们得改变原来休整一天的计划，当天立即下山。

我翻身起来，快速穿好衣服，提起相机就往外面跑。我怕来不及看仔细九重山巅的面目，我怕错过了精彩的物种。

出门时，外面冷冽的寒风，呛得我咳了几声，我尽量忍住，怕惊醒其他还在熟睡的人。我看了一下手机，时间是7：00。

一层薄雾，浮现在无边的衰草和干花之上。没有路，但是时常有人走过之处，衰草向两边分开，也算是路了。我沿着这些足迹往草地深处走，这

◆ 草地里有一条弯曲的小溪流

才听到远处有人声、笑声，原来，还有起得更早的人，已经在这万山之巅放飞自我了。

在草地边缘发现一株西南卫矛，枝干遒劲，果实像漂亮的小灯笼。这么好看的植物，长在这深山无人处，无人赞叹，无人怜惜，却也逍遥自在。看了一阵，我继续往人声处走去，发现原来那里有一条溪流，弯弯曲曲地深陷在草地里。这么冷的天，还会有色蟌或蝴蝶吗？我马上又觉得不太现实，还不如好好看看溪水里有什么宝贝吧。

◆ 西南卫矛

和忙着互相拍照的姑娘们打过招呼，我就深一脚浅一脚地进入草丛，来到溪沟边，只见里面的溪水汩汩流着，清澈见底，似乎什么也没有。

我不死心，顺着溪流慢慢走，睁大眼睛，在水草和石块的缝隙

◆ 隆肛蛙

◆ 施氏巴鲵

里慢慢看。突然，有什么从我脚边的石块上，扑通一声跳进了水里，待水波平息后，我看见一只硕大的蛙类，趴在水底一动不动。这是一只隆肛蛙，清晨仍是它的最佳觅食时间，它其实并不胆小，我快踩到它时，它才从容跳进水里避险。

我远远拍了一张照片，继续顺着溪流往下走，周围全是没过膝盖的衰草，但是这一段衰草已不能占据整个视野，继续顽强开着的花朵们，在倒伏的黄色中挺立着，格外鲜艳。难怪现在的空气，已不只是冷冽，甚至不只是衰草的破败味，而是多了柔和的花香，我深深地吸了一口，想借此把肺里的空气更快地置换出来。我实在不喜欢潮湿的枯草味，它们不像干谷草的清香那样令人愉悦。

◆ 蝎蛉

接着，我发现了蜉蝣稚虫，于是小心地下到溪沟里，踩着软软的泥土，试图拍到清晰的照片。当我通过镜头在水下搜索蜉蝣稚虫的时候，余光里发现什么东西动了一下，我几乎是条件反射地移动镜头、对焦、按下快门，在这一瞬间，我看清楚了目标，是一只小鲵。来不及思索，在它躲进石缝的瞬间，我连续按下快门，终于捕捉到了它奇特的身影。这是小鲵科巴鲵属的种类，大巴山脉溪流里的巴鲵属有两个种类，这是其中的施氏巴鲵。

后来才知道，在我拍摄巴鲵之前，其他同伴就已经发现了溪流中有“小型娃娃鱼”，还在招呼我去拍摄，可我走得太远，没有听到。看来，溪流中的巴鲵密度还不小。

十点左右，王继把草地上的人们聚集在一起，队伍出发了。

山上即将迎来暴雨的消息，让大家都觉得应该尽早下山。试想一下，在如此险峻的山岭间行走，如果再遇到瓢泼大雨，会更加艰难。

昨天上山的时候，大家有说有笑，气氛非常轻松愉快，毕竟不知道后面行走的艰难。但今天出发的时候，大家都有点严肃，有点沉默，是知道这一天的路不会轻松，而且还有可能在下山途中遇到大雨。昨天兴高采烈出发去秋游，今天变成了近似逃亡的匆匆赶路。

“我们有点像逃亡啊……”有个姑娘感叹了一句，我已经不记得是哪一位了。

◆ 姑娘们采回的野花

◆ 不请自来的草籽

走在她前后的人“轰”的一下笑了起来。早晨整个团队预设的紧张赶路局面一下子就破功了。

立即有三位女士离开队伍，跑进了草地，采起花来。

“你们这是要献给我吗？”王继远远地喊道。

“献给我们自己。”她们连头都不回。

看着她们的身影，我突然想起了什么，喊道：“快回来，就在路边采！”

没人理我。

这时正是衰草传播种子的季节，很多种子都有各种免费搭车的精心设计，让经过的动物把种子带到更远的地方去。有的设计了小挂钩，有的设计了黏性很强的液体。其结果就是她们回到路上的时候，全身挂满了各种草籽，有的估计数以千计，五颜六色的草籽，就像草地给她们慷慨发放的勋章。

走过草地，进入树林。树林里有人影闪动，原来，有人在捡蘑菇。

我们好奇地走近，看了看他们的收获。用一些塑料口袋装着，都敞着口，方便再放进去。看了一下，原来他们只采一种土黄色的蘑菇。

◆ 簇生于树干上的蜜环菌

这就有意思了，进入树林后，我拍到了五六种蘑菇，其中至少有两种是常见的食用菇。为什么他们只采这一种？

“你们采的什么菇啊？老哥。”我搭讪了一句。

“松树菌！”采菇人笑呵呵地说。

他是从山下专程上来采这种菇的，我们聊了一会儿，包括天气。他非常肯定今天是不会下雨的。

当地人说的松树菌，一般叫松菌或松乳菌，属于红菇科，是著名的美味菌类，价值很高。但是，松菌的菌盖上面，会有明显的同心环带，他采的菇却没有。

◆ 被采集的蜜环菌

◆ 向导说的野葡萄，种类不确定

◆ 野生猕猴桃

幸好，我拍了他采摘的菇，这个疑问后来才能解开。原来，他采的不是松菌，而是大名鼎鼎的蜜环菌。蜜环菌属白菇科，喜欢晚秋后簇生或丛生于阔叶林的树桩或树根上，其他特征也和他所采的蘑菇对得上。之所以说它大名鼎鼎，是因为它和天麻有着微妙的共生关系，有蜜环菌的地方，就会有天麻。那么，早几个月来这片林子，我们完全有可能碰到野生天麻。

又走了一阵，我们穿出了树林，这一段路，其实是在不同层级的小片草地之间穿行，身边多是灌木。

可能是听采蘑菇的老乡断言今天不会下雨，又早过了午饭时间，大家都感到又累又饿，就都停下了脚步。讲究点的，找石块坐下休息，不讲究的，

◆ 我收集的野生猕猴桃

干脆找干燥的草丛或就在泥地上直接躺下。我数了一下，不讲究的人多达五个，应该都是相对体弱的。我好奇地学他们，也直接在泥地上躺下，还别说，很舒服呀。最令人意外的是，地上居然不冷，可能在我们到达前，这一带出过一阵太阳，把地皮晒得略有暖意。

这时，向导的声音远远传过来："过来吃野葡萄！吃猕猴桃！"

我翻身而起，兴冲冲地往那边跑。跑的时候，回头看了一下，那几个人根本就没动弹，像五根躺得很舒服的木桩。云影正从他们身上快速度掠过，太阳光也在从远处慢慢移过来的路上。

向导说的野葡萄，看着很像北方的山葡萄，为什么说是北方的呢，因为南方特别是西南并无山葡萄的分布。我摘了一粒放在嘴里，浓烈的果酸味仿佛从口腔迅速传遍全身，解渴能力太好了。

野生的猕猴桃，已到了成熟的时候，看着他们踮着脚尖摘藤上的，我抓着另一根藤使劲一晃，就有些果子落下来。这是人家教我的，能晃落的

◆ 男士负责为大家砸核桃充饥

◆ 女士负责草地的颜值

◆ 我也体会了一下直接躺地上的感觉，确实很舒服

◆ 獐牙菜

◆ 黄豹盛蛱蝶

◆ 锚纹蛾

◆ 柑橘凤蝶

是熟透了的。再晚些时候，它们自己就会掉下来。和野葡萄比起来，猕猴桃的酸味弱，芳香可口，聊以充饥。

老周又有新发现，他捡到了不少核桃，在附近农家借来了木锤，开心地砸了起来，一边吃一边分给大家。我在农家的屋后，又发现了四照花的果实，此处树木低矮，很方便采摘。我摘了几粒，试吃了一下，略有涩味，甜度弱，不算好吃。怪不得虽在人家附近，果实累累却无人理会。

野果餐之后，我拍到了一种有意思的野花獐牙菜，一只有意思的蛾类锚纹蛾，又眯着眼看了一阵灿烂的阳光，才如梦初醒，赶紧提着相机，回到刚才路过的一处花海。果然，此处阳光下必有蝴蝶飞舞，仔细看了看，有白眼蝶、斐豹蛱蝶、银豹蛱蝶，它们基本都在川续断的花上停留。我试着拍了几张，但有风，蝴蝶停不太稳，很难拍清楚。一只硕大的蝴蝶飞了过来，我定睛一看，居然是一只柑橘凤蝶。想起刚才路过了不少野花椒树，柑橘凤蝶的幼虫也吃花椒，在北方少有柑橘，所以北方管这种蝴蝶叫花椒凤蝶。

拍了不到十分钟，就听得大家在喊着出发了。赶紧收好相机，拔腿往前跑，追上了队伍。

前面的路已变得陡峭，女士们要靠体力尚可的男士帮助才能慢慢前行。此时已是下午五点，尽管很累，但天色开始转暗，大家只能咬着牙互相鼓励着缓缓下山。

我们这支弱旅，终于在天黑以前下到了公路上，和焦急的夏贵金会合，我看到他舒了口气，满脸喜悦。

◆ 全队最困难的三个人，到下午5点，完全走不动了。最后一个是王继。

后来才知道，我们很多人的鞋，并不适合登山，特别不适合陡峭山路下行，有三个人，回家不到一周，脚指甲全掉光了。

◆ 神奇的开火车下山法，对脚步已经不稳的姑娘太有用了

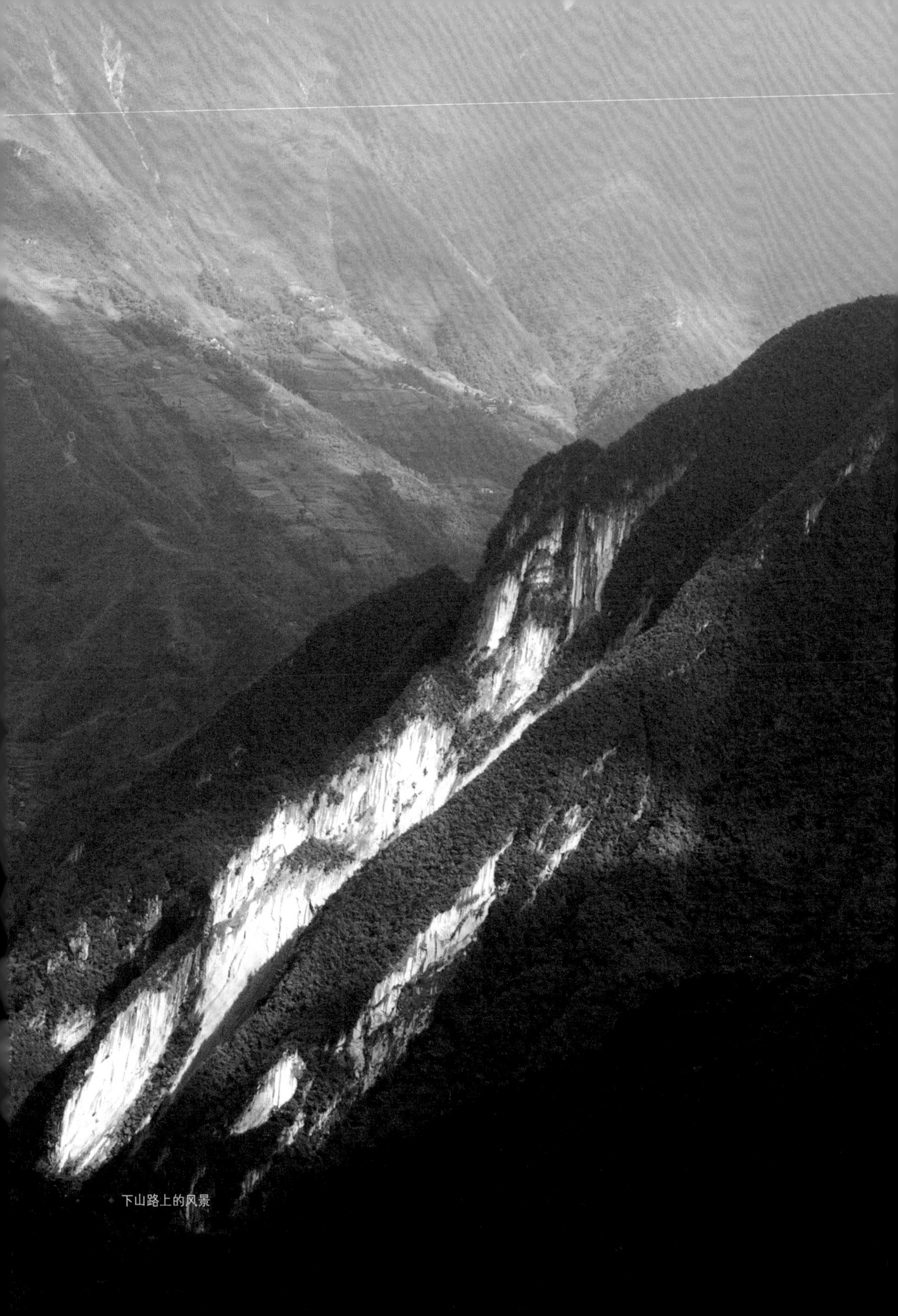

下山路上的风景

珍珠湖的秋天

船从大洪海码头开出后，晃晃悠悠向前，在中途悄悄离开了到小洪海的旅游热线，向右一拐进了条支流。没有游客的喧哗，只有船的马达声，整个世界都安静了，连小鸊鷉在远处水面扑腾的声音都清晰可见。

这是重庆四面山，我要去的从长岩子管护站到珍珠湖的通道，是禁止游客进入的封闭区。五年前，重庆四面山自然保护区对核心区以外的四个区域也进行了封闭，此处即其中之一。

经申请才拿到进入许可的我，能理解这项措施，虽然每一个区域的封闭对旅游都有影响，还需人日日巡逻，但四面山的奇异精灵们太需要这样的避难所了。2013 年，我在珍珠湖边的小径发现并拍到一种陌生蝴蝶，疑似轭灰蝶属新种，因为我和朋友们遍查已有资料都无此蝶身影。一年后，一位日本专家发现并命名了这个新种。人类新发现的这种蝴蝶，我居然也能提前在珍珠湖畔拍到它的生态照片。这只蝴蝶的最新中文名是巴蜀轭灰蝶。还是在珍珠湖附近，我记录了三种瓢蜡蝉，这个类群的专家认为其中有两种不在已知的种类里,需要到实地进一步研究。四面山有着特殊的地质和植被环境，它的丹霞石构成的崖体，即使在百年难遇的干旱时，仍能汩汩涌出泉水，庇护着严重依赖溪流或潮湿环境的物种，而这些区域，并不全处在核心区。想到能进入这些避难所，观察人们保护下来的物种，我就不由得一阵兴奋。

上午九时前，我从长岩子管护站旁，进入了被贴上了封条的一条小道。正是初秋，外面的世界已有黄叶纷飞，而这里却绿枝满眼，溪水潺潺，宛如一年中最好的盛夏时光。小道很快就钻入了一片高大的树林，阳光斜斜地照

◆ 肥肉草

进来，我仿佛置身于一架巨大的钢琴里，黑键和白键不断拂过我兴奋的脸庞。

再往前，林更密了，阳光被彻底挡在了外面，身边的灌木丛变得模糊，我掏出了手电，小心地扫描着前后左右，生怕错过精彩物种。林下野花不少，牡丹花科的肥肉草在这一带是优势物种，红红地开成了一片，它的总苞片膜质，肥肥的、肉肉的，估计因此得名。

林子稀疏的地方，白花败酱获得了机会，把伞形的花高高地举起，吸引着林下的中小型蝴蝶，我略略数了一下，就有四种弄蝶、两种蛱蝶，可惜毕竟入秋了，它们的翅都有点残破。

走出树林后，眼前是一个峡谷，两边均为山峰，中间却有一条溪流，右边山势略缓，小路左拐右旋，急急向上攀援。

在上山之前，我先离开道路，去了一处瀑布下的水潭，想看看是否有什么特别的蜻蜓。刚到水潭附近，就惊动了几只豆娘，我发现至少有两种，

◆ 线纹鼻蟌（雄）

◆ 黄纹长腹扇蟌（雌）

◆ 透顶单脉色蟌（雌）

◆ 克氏古山蟌（雌）

◆ 交配中的亮闪色蟌

一种是透顶单脉色蟌，一种是线纹鼻蟌。前者几乎没给我机会，一路拉高到了树上，后者就呆萌到可爱，我怎么拍它也不动。突然，一种陌生的色蟌进入我的视野，只见它全身青铜色，阳光下闪耀着金属光芒。凭经验我认为这是雄性，一般来说雌性会低调一点，正这么想着，眼前出现了一对正交配着的，一样的青铜色闪耀，构成了一个完美的心形图案。原来，这种色蟌的雌雄都如此高调！后来请教了蜻蜓专家张浩淼，确认是亮闪色蟌，重庆有分布，但数量极少。

拍蜻蜓拍到手软的我，重新拾级而上，上山远比想象的难度大，有的梯步就是整块巨石上凿出来的，非常陡峭。惯走山路的我，走着走着，也汗如雨下，全身基本湿透。

◆ 华西黛眼蝶

一个多小时后，边登山边沿途记录动植物的我，终于登上了山巅。这里有一石桌石凳，我放下包和器材，舒服地喝着茶，回望走过的山谷。只见一片黄叶，顺着山风潇洒地晃动着，从右边的山峰飘向深谷。我睁圆了双眼，死盯着那片黄叶，快到谷底时，它飞了起来，朝着溪谷对面的山峰而去。金裳凤蝶！有着金黄色后翅的金裳凤蝶，仿佛王者降临，让整个山谷仿佛一下子有了神采。

金裳凤蝶飞远了，我还在望着它消失的方向。这是我永远看不厌的大型蝴蝶，每一年，都会有几次在野外偶遇，但要以较近距离拍到它，平均五六年才有一次机会。我叹了口气，带好器材下山，山的这一边很开阔，远处的反光，我觉得就是珍珠湖了。

◆ 蒙链荫眼蝶

我没着急赶到珍珠湖边，那是我今天的折返点，因为一路上和我斗智斗勇的小精灵还真不少，我拍到两种眼蝶。接着，又在草丛中发现了姬蜂虻，初秋，正是它们的交

交配中的姬蜂虻

◆ 悬钩子的果实

配时节，这不安分的小家伙，喜欢一边交配一边飞行着采花蜜，我视野里足足有十对这样舞蹈着的新人。不过，要拍到它们可不容易，它们看似漫不经心，却小心地和我保持着一米开外的距离。

不知不觉，我还是到了珍珠湖边，安静的珍珠湖像一块巨大的半透明翡翠，被浓密的森林包裹着，不为外人所见。路的尽头，有“珍珠湖上码头”字样的路标牌，显示这曾是一条旅游步道的重要节点。此时，我恍然大悟，原来我刚走过的小道，是用来连接大洪海景区和珍珠滩景区的。四面山国家级风景名胜区，像一个树丫，左边是大洪海小洪海，右边是望乡台、珍珠滩、大窝铺等。我们都习惯左右两边景区的互不相干，却不知道，早有秘密通道把它们连接在一起。穿林、登山、泛舟，这条环线非常适合注重体验的徒步爱好者，但是为了保护森林资源和水源地，管理方以壮士断腕的决心，给这条通道贴上了封条。

◆ 李斑黛眼蝶

回到峰顶的石桌旁，差不多是一点左右，此处前有山谷后有湖，我实在太喜欢了。放下背包，取出干粮，折返上山时我顺便摘了一把悬钩子的果子，它们放在一起，颜值还挺高的。我品尝着两种悬钩子果实的风味差异，眼睛的余光里，枯叶堆那边似乎有什么动了一下。20多年野外寻访的经历，使我特别敏感，我马上定住自己，极缓慢地转过身朝那个方向看去——这种缓慢不会惊走野外的小动物或昆虫。枯叶里似乎什么也没有，我保持着缓慢的动作，变换角度继续观察，终于看清楚了，枯叶堆里立着一片棕褐色的叶子，它也在缓慢地移动着。黛眼蝶，而且是我没见过的种类！我在心里惊呼了一声。

我和棕褐黛眼蝶就这样偶遇了，这是四面山有记录的蝴蝶，但是在我70多次进四面山的漫长考察中，一次也没见到，原来它躲在这里。

棕褐黛眼蝶还给我一个启发，毕竟进入秋天了，我上午走过山谷时，路边的灌木草丛多数仍未被阳光照亮。现在，阳光瀑布般地倾泻而下，整个山谷像透明的玻璃房子，树林微微摇晃，雾气悠悠上升，这才是蝴蝶们出现的时刻。

我提着相机，满怀期待，沿着陡峭的梯步缓缓而下，顾不上欣赏山谷的

◆ 棕褐黛眼蝶

◆ 巴蜀轭灰蝶

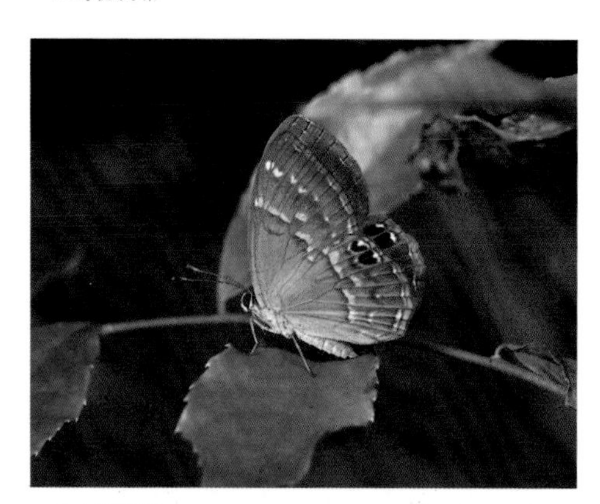

◆ 白点褐蚬蝶

◆ 黄豹盛蛱蝶

景致，只是紧张地观察着两边的灌木，弦绷得太紧，左右张望，脚下看得却不仔细，竟差一点踩到了一只灰蝶，它优雅而机敏地拉起，几个起伏，向着深谷里的灌木飞去。

我目瞪口呆地看清楚了它后翅的眼斑：这不正是七年前我在珍珠湖边的小径上看到的那种轭灰蝶吗？我懊恼极了，恨不得翻出栏杆，直奔悬崖边上那丛灌木冒险搜索。好一阵，我才冷静下来。只要它们仍存活于这个被保护起来的山谷，总会再有机会见到的。我安慰着自己，继续向前。

仅仅十分钟后，一只被我惊飞的灰蝶，从左向右飞过小道，停在草丛里，我蹲下身来，稍稍看清后，一阵狂喜。原来，又见到了巴蜀轭灰蝶，而且，比前面那只更完整。我控制住自己的兴奋，这样才能让手持的相机稳如磐石。我飞快地边拍边调整相机参数，在它飞走前，迅速地拍了十来张。

平时极难偶遇的蝴蝶继续出现，我相继观察到两种盛蛱蝶，它们都不是常见的散纹盛蛱蝶，因为翅的反面都有着豹纹。前一只是黄豹盛蛱蝶，前翅有点残，非常活跃，难以靠近。后一只是花豹盛蛱蝶，相当安静地在潮湿的岩石上吸水，被我惊飞，在空中兜了一圈，又飞回原处，看来是太饥渴了。我小心地拍了几张就后退下来，不忍心频频打断它的午餐。

真是奇妙的安排，欣赏完两种盛蛱蝶后，我又几乎同时观察到两种蚬蝶，一种我能判断是尾蚬蝶，但没看清具体种类就飞远了，另一种喜欢悬挂在草叶下方，是我熟悉的白蚬蝶。

除了我能用相机记录的之外，掠过我头顶的凤蝶还有好几种，仅仅是蝴蝶，就如此密集，贴上封条的山谷小径，真的成了脆弱物种的庇护所。

◆ 透翅蛾

◆ 在土里筑巢的胡蜂

有一段路，山崖裸露着岩石和泥土，恰好没有蝴蝶，我干脆仔细搜索起别的昆虫来。还别说，一凑近就有发现，草丛里隐藏了一个洞口，似乎有一只昆虫在里面探头探脑，我赶紧把镜头塞进了草丛。它试探了一阵，终于把脑袋探出了洞口，那是一只胡蜂，威胁性地露出了强悍的口器，似乎在警告我，必须赶紧撤退。原来，这小小的洞口里，居然有一个胡蜂的巢。胡蜂是群居昆虫，一旦激怒了它们，被群蜂围剿，是很危险的。我不敢多拍，缓缓把相机镜头退出，到塞进去不过两三分钟，我惊讶地发现，相机的机身和我的手臂上，已经停着三四只胡蜂，估计是我挡住了它们回巢的路。我保持着姿势，纹丝不动，直到胡蜂们自行飞走。

◆ 无垫蜂

还好有惊无险，我稳了稳心神，继续工作。在一棵树裸露的根须中，我发现了一只溪蛉。其实仅大半天时间，我已在这条路上多次发现，只是没有比较好的拍摄角度。这一只却悬空于比我头顶略高的地方，停留的地方也不杂乱，我强烈感到出好照片的机会来了。调好参数，安排好补光的角度，我扑上去就是一阵狂按快门。和脉翅目的草蛉和褐蛉不同的是，溪蛉的翅上不仅生有细毛，翅脉还把翅膀分成了无数薄窗。适当的光线条件下，这些薄窗会呈现彩虹般的光彩。所有的机遇都凑齐了，溪蛉出现在适当的地方，而我捕捉到了适当的光线。我拍到的溪蛉，翅膀上似乎挂上了七重的彩虹，美丽无比。反复看了几次拍到的照片，我开心得仰天大笑。

◆ 背峰锯角蝉

◆ 溪蟹

◆ 黄豹天蚕蛾

笑声还在回荡着，我却感觉有什么不对。我抬起头，小径尽头，一个穿迷彩服戴红袖套的女护林员，正平静地望着我，一声不吭。我尴尬地收声，默默地向她走去，第一次在禁区碰到护林员，我也想好好交流一下。靠近她时，我发现树林里还有两位同样穿着的女护林员，同样平静而友好地看着我。

原来，上午我一进林区，她们就观察到了我，早会时站长通报了我的观察计划和线路，她们巡逻时尽量不打扰我。怪不得一天下来，我竟然没有发现和树林、灌木融为一体的她们——我的敏感都放到蝴蝶们身上去了。如果没有通报，我早就像别的游客一样，被劝离出禁区了。

白昼梦幻般的徒步就这样收尾，我和三位护林员在树林里坐下来慢慢

溪蛉

◆ 桨头叶蝉

◆ 桨头叶蝉若虫

聊天。秋天的树林里已有些微凉，我开始了无边际的各种打听，关于春天的野花，关于蝴蝶，关于她们的巡逻，甚至，关于她们的工龄。有两位护林员，看起来刚到中年，但实际上两三年后就要退休了。另一位因为考了技专，须再比她们多干五年才能退休。考过了技专的这位，还真是不一样，手机里有很多平时巡山时拍的昆虫和野花，有一种腐生兰花，不在我拿到的四面山植物名录中。这个山谷保护下来的，远远超过了我们的所知，她们保护着地球尚存物种的未来，其实，也有可能是人类的未来。

三位护林员友善又机敏,我没想到的是，她们聊得最开心的是，退休后离开这座山的生活。正值盛年的她们，讨论着自己人生的秋天。难道，是刚开始飘落的秋叶以及满山的浆果给了她们启发？这个山谷，放得下所有关于人生的话题。经请求，我和她们一起合了影。我今天的种种奇遇，缘于她们普通而坚忍的每日守护，虽然，她们不太明白那些飞过身边的蝴蝶和蜻蜓究竟意味着什么。

◆ 球胸虎甲

大窝铺奇幻录

“你今年去过大窝铺吗？”八月快结束的时候，张巍巍突然问我。

“没有。”我说。事实上，连四面山我都没去，而大窝铺是四面山自然保护区的核心区。

我们两个沉默了一下。

在很长时间里，四面山我们每年都去，还不止一次，而大窝铺是考察的重中之重。我的大窝铺打卡早就超过了30次，他也差不了太多。近几年，张巍巍对婆罗洲物种产生了浓厚兴趣，每年从春天开始就几乎待在那边。我也开始对西双版纳进行连续考察。还有一个重要原因是保护区的管理越来越严，进核心区须经更严格的审核，像以前那样说进就进的便利已经没有了。

“张志升想去大窝铺找蜘蛛，要不要一起？”张巍巍补充道。

“好啊！”我想都没想就答应了。张志升是著名的蜘蛛分类专家，我们曾一起去重庆的缙云山、王二包考察过，在那些徒步中，他为我打开了奇妙的蜘蛛世界，了解到很多有趣的知识。而当他进入奇幻的大窝铺，可以想象，这个我们无比熟悉的地方，一定又会因他解锁神秘的新空间。

对，我说到了奇幻这个词。对于热爱自然的人来说，大窝铺确实称得上奇幻。我每次去大窝铺，必定会看到从未见过的神奇物种，30多次去，从无例外。很多难得的景象，也是在大窝铺首次见到的。如果要列清单，那会相当漫长：夏夜闪闪发光的萤火虫群落，洞顶悬挂的菊头蝠群落，五种以上蝴蝶聚集的溪边蝶群……还有意草蛉、蛇蛉、阳彩臂金龟等让我狂喜的昆虫明星。

◆ 袖蜡蝉

几天后，联合考察队在四面山森林资源服务中心办好手续，驱车直奔大窝铺。

天色变暗时，大窝铺管护站前的空地上，三个灯诱点同时亮起了灯光，各路人马非常珍惜这难得的考察机会，都匆匆用完餐守在灯下，看看有没有贵客从高高的天空飘然而至。

我也在灯下守了一会儿，看见张志升的团队打着手电外出，赶紧跟了上去。搞蜘蛛的善于掘地三尺，让藏得很深的小妖们现出原形，我可不能错过这样的机会。

在大窝铺夜观，有一个规律，距驻地百步之外必有异物。可能百步之内太受灯光等因素干扰，羞怯的林中精灵，习惯了和人类保持百步以上的距离。

果然，走满百步，我们朝着小路两边扫射的手电光都各自捕捉到了目标。我在树干上发现了一只袖蜡蝉，这是我喜欢拍摄的物种。袖蜡蝉属的种类有着共同的特征，那是一对非常尴尬又奇妙无比的组合：身体长得像小丑，身后却插着一对轻盈无比的天使翅膀。

刚拍完袖蜡蝉，我用手电顺便扫了一下它的四周，结果在它的侧后方的高处，发现了一只大型蜻蜓。定睛一看，吃了一惊，原来还不是常见的那几种。可惜，它停的位置太高，镜头够不着。我急得团团转，几乎想动手把高高的树枝直接拉下来。还好，在脚下找到一处稍高的土包，软软的，我小心地站上去。再把双手高举，对着蜻蜓一阵盲拍，然后收回相机察看。如是反复几次，终于拍到一张清楚的影像——竟然是极难在野外碰到的黑额蜓，因为只能拍到正面，具体种类就没办法确定了。黑额蜓属的蜻蜓，生活习性简直像世外高人，山间水洼偶见，极为谨慎，晚上喜欢停在树梢休息。

我们各自拍完后，简单交流了一下，继续往前走。走在我前面的张巍巍，突然发出了“咦”的一声。我太熟悉他的习惯了，他见多识广，看到很多明星物种也只是很平静地指给我们看。如果他情不自禁地“咦”一下，说明有很意外的东西出现啦。

我两步并着一步窜到他跟前，他的手电光停留在一丛灌木的高处，那里，一条蛇正极为流畅而优雅地往下游来。看见我举着相机已到位，张巍巍用抄网的杆拨开前面的树枝，把蛇亮出来，我没有错过这个瞬间，一连

◆ 黑额蜓

按了好几张。那条蛇受到惊扰，立即改变方向，转身朝着灌木丛深处溜去，像一条鳗鱼灵巧地消失在珊瑚礁里。

张巍巍还想继续追踪，我担心是毒蛇，赶紧叫住了他。平静下来的我们，看了看影像，确认是游蛇科的无毒蛇。后来进一步确认是黄链蛇。

已经记不清，这是在大窝铺偶遇的第几条蛇了。但偶遇上一条蛇的过程我还记得特别清楚。

那是五月的一天，午后，我们沿管护站步道顺溪水往下走，走到一个开阔地带。骄阳似火，我们在到达管护站的一个监测点时，集体进屋休息，避一下烈日。

我感觉体力尚好，就没有坐下来，而是直接走到屋后，在屋檐的阴凉中四处查看，碰碰运气。

刚站定开始观察，就有了发现。草丛中，有一堆泡沫在不正常地抖动。那应该是雨蛙留下的卵团，无雨无风，为何乱动？

我警觉地悄悄靠近，踮起脚一看，原来如此：一条身体缠绕在枝干上的腹链蛇正在快乐地享用美餐，它的整个头部都埋在卵团里。我保持着一

◆ 黄链蛇

◆ 锈链腹链蛇

◆ 锈链腹链蛇

◆ 大茶色天牛

动不动的姿势，等待机会。几分钟后，卵团被它吃出个大洞，它的头部露了出来，我才举起相机拍摄。快门声音可能惊动了它，它不快地伸出头来，看看谁这么大胆。我本能地一边拍，一边后退，免得它的头碰到我的镜头。

然后，我回到屋内，让大家也去观赏，但他们回来后，说它已经溜走了。

我们回到灯诱点时，布上已挂满了从山谷里涌出来的各种昆虫。我挑了一些物种来记录。

一种是大茶色天牛，这是川渝地区才可能看到的大型天牛，翅端有一对边缘不整齐的斜纹，翅中有一对小眼珠似的点斑。

另一种就更有意思了，屏顶螳。屏顶螳家族头顶都有着一个夸张的

屏顶螳

◆ 蚊褐蛉

角，仿佛是某种神圣地位的象征。它们的头部特写拍下来，有一种特别的惊悚效果，让人仿佛看到地狱恶魔的影子，但它毕竟如此娇小，娇小到对人没有任何威慑力，所以它夸张的造型只是看着有点顽皮罢了。

毕竟是八月底了，我们已经错过了大窝铺最好的七月，灯诱的效果不太令人满意。我决定在凌晨一点前休息，这样，第二天的体力会更充沛。

午夜的时候，我在灯诱点附近的草丛中发现了一只蚊褐蛉，它长得很像大蚊，但有着褐蛉一样的口器，我遗憾的是，从来没有观察到蚊褐蛉捕食，不知道和褐蛉是否接近。

张志升他们最后才回到住宿地，采集的标本不少，还真有从泥土里扫荡出来的东西，比如，一只地蛛。他们友好地展示给我看，我印象极深的是

◆ 地蛛

◆ 隐藏在枯枝上的螳螂若虫

◆ 豹裳卷蛾

一只硬皮地蛛的雌性，它全身黄褐色，螯肢粗壮且深色，像一个强壮的女武士。硬皮地蛛居住在土坡上，筑有塔形的巢穴，我暗暗记下了，一定要找机会看看它们的塔巢。

第二天，我醒得比较早，先去灯诱点观察了一下，早餐似乎还有些时间才开始。我索性背着手朝林子里走去。

这是大窝铺最美的时候，天空明亮，光柱一根根整齐地斜插进森林，我感觉自己走到了一个巨大的竖琴下方，不禁仰起脸打量那些光柱，太迷人了，穿过稀落枝叶的光柱仿佛绣花柱子，而穿过雾气的光柱像在旋转——那些水雾原来并不是平行升起，而是旋转着上升，仿佛光柱是一个旋转楼梯，那些细小的水滴正你追我赶地在楼梯上奔跑。我走到光柱下面，一束阳光投射到我脸上，非常柔和的温暖。

吃过早餐，我们开始徒步。上午的光线很美，连以前多次见过的物种，经过阳光的镀金，都跟着格外地美起来。我花了很多时间来拍摄，甚至不刻意寻找颜值更高或更珍稀的。阳光是最慷慨的能量束，从某种程度上说，我们都是这能量束的容器，也都是经它塑造，才进化出如此千姿百态的身体。我拍豹裳卷蛾、拍盗蛛，拍摄更能让我感觉到光线的魅力。

◆ 盗蛛

◆ 亮闪色蟌（雌）

此时，蝴蝶已经很活跃了，蜻蜓也开始出现在我们四周。一只全身闪耀着金属光芒的色蟌，不知什么时候停在我的身边。我估计是在溪边工作的其他同伴惊动了它，它拉高飞行到林子里来。这是中国特有的亮闪色蟌，重庆的山中常见，但特别不容易靠近。我当然不能浪费这样的机会。

拍好亮闪色蟌后，我把注意力放到了蝴蝶上。四面山蝴蝶种类极多，而大窝铺居首。大约一个小时里，我观察到 9 种蝴蝶，都是之前记录过的。其中，秀蛱蝶的密度很高，我在一处乱石堆里就发现了十多只，这还是第一次看到秀蛱蝶群聚，印象中这是一种喜欢单飞的蝴蝶。

坐下来喝水的时候，意外发现一只残破的曲纹蜘蛱蝶，停在我的手上。

◆ 曲纹蜘蛱蝶

我的手背容易出汗，这使得在野外活动的时候，经常因持相机而保持不动的左手，成了蝴蝶爱停的地方。附近的同伴，都很有兴趣地过来围观这只大胆的蝴蝶。人声喧哗，但曲纹蜘蛱蝶根本不为所动，吸着汗液的它如同闹市中的酒客那样旁若无人，只顾自己畅饮。

这是很少见的，一般新羽化的蝶，初生牛犊不怕虎，哪里都敢停留。而经历多的会非常警惕，毕竟，吃过很多亏了。老而无畏，让我觉得这只曲纹蜘蛱蝶很性情，很个性。赶紧自己也拍了几张作为纪念。

◆ 秀蛱蝶

高高兴兴地享受了和曲纹蜘蛱蝶的偶遇后，我突然想起，刚才去乱石堆错过了一个重要的目标，离午餐还有点时间，顾不得众人的茫然，我撒腿就往回跑。毕竟，解释也要消耗时间。

◆ 赤水角蟾

2014 年 7 月，我在那处乱石堆拍到一只角蟾，一直查不到种名。2020 年，这种角蟾作为新种被确认，定名赤水角蟾，同年，同行在四面山也采集到活体，我有机会近距离观察和拍摄，确认是同一种。如果能再次拍到影像，应该对从事两栖动物研究的年轻同行有用。可惜，这一趟我是白跑了，在那里折腾了半个小时，一无所获。

午后，我的计划是记录一下这个季节的植物，所以，脱队一个人徒步，我先去到溪边，想拍薄柱草的果实。薄柱草又叫珊瑚念珠草，这是一种奇特的植物，喜欢在潮湿的岩石上生长。这些年，我迷恋能在石头上生长的植物，到了如痴如醉的地步，就小景观而言，没有比长满植物的石头更美的了。只需一块，放在茶台上，立即有林下溪畔的感觉。外来的薄柱草，如红果薄柱草近年在市场上大红大紫。我一直很好奇，本

◆ 赤水角蟾

◆ 薄柱草

◆ 蛇菰　　◆ 野棉花

地的薄柱草是否也有颜值很高的果实，在大窝铺发现这种植物后，一直未逢果期。

这次是时候了，铺满石头的薄柱草上结出了蓝莓一样的果子，甚至，比蓝莓更好看，半透明，有着毛玻璃般的质感。我觉得比红果薄柱草更耐看、更优雅。只是，花市上好卖的往往是更能抢夺眼球的，低调的植物不容易受欢迎。

◆ 唇柱苣苔

◆ 唇柱苣苔

我继续沿着溪沟走，想看看还有什么特殊的湿生植物，在和我头顶齐平的石缝里，我发现了一种唇柱苣苔，不觉眼前一亮，白色的花筒上有紫色条纹，相当好看。之前，我在大窝铺拍到过此种，但在种类最齐的《中国苦苣苔科植物》（李振宇等主编）里也没有查到它，当时的花有点残破，我以为是花的特征不明显所致。这次拍到完整新鲜的，不由一阵欢喜。请教了一位专家，太巧了，他也正在研究这个物种，说很可能是新物种。那它应该叫四面山唇柱苣苔吧？

◆ 合柱兰

接着，又有一个惊喜，我在一处长流水的陡壁上，看到了一种特别的花，刚发现时我以为是某种捕虫堇，仔细观察后，确认是合柱兰。四面山的兰科植物我记录了不少，但合柱兰还是第一次发现。我扩大范围又寻找了一遍，结果发现它们仅出现在最潮湿的这一处陡壁上。看来对湿度的依赖是非常强的。

连续的发现让我有点兴奋，差点在

溪边摔了一跤。虽然勉强保持了平衡，腰和腿似乎有点轻微的扭伤。我只好离开溪流，去到树林下碰运气。大约一个小时后，我走进了一片盛开的红花石蒜。自从若干年前，在这一带发现红花石蒜后，这个家族就一直在扩张，从树林深处延伸到了路边，而且花朵越来越茂密。

◆ 红花石蒜

返回的时候，我看见了轮钟花，它算是一种很奇特的野花，重点是丝状裂开的花萼，非常别致。据说，轮钟花的果实很美味，但我从来没试过，只好咽了一下口水，把此处有轮钟花暗记在心。

拍植物的过程中，我还意外目睹了一个斑衣蜡蝉的群聚，以前见过两三只斑衣蜡蝉在树干的创口处集体会餐，但这一次很不一般：在滑过坡的

◆ 轮钟花

◆ 窗溪蛉

地方露出了树的粗大根茎，长约两米，十多只斑衣蜡蝉在上面各霸一方，津津有味地吸食着。看来，这种树木是它们偏爱的。

晚餐之后，我彻底放弃了守候灯诱，和大家一起去夜探。

刚走过架在溪流上面那座小桥，我就在一丛灌木中发现了一只褐蛉，再仔细一看，比褐蛉体型大，翅也不一样。

正有点困惑，张巍巍在旁边说："溪蛉！"

◆ 众人围观、拍摄窗溪蛉

接着，他又在同一丛灌木上发现了好几只，而且确认是窗溪蛉。溪蛉科种类不多，研究的人也少。不过，张巍巍的老师杨集昆先生，研究过这个小型种群，发表过 30 多个新种。从来没听说过溪蛉成群，大家都饶有兴趣地围了过来，一时闪光灯闪个不停。

斑衣蜡蝉

◆ 中国钝头蛇

◆ 枯叶堆里，搜出来一条中国钝头蛇

◆ 大步甲

张志升的团队善于寻找隐藏的精灵，继续行进了没多久，他们就在落叶下翻出一条蛇，引发一阵惊呼。我赶紧跑过去，伸头往前面看，蛇很小，金黄色带黑纹，头型有点方方的，眼睛很大，简直是我见过的最可爱的蛇。

"这是钝头蛇，牙齿细小，它吃蜗牛类的，伤不了人。"张志升的弟子安慰受惊的女队员，说道。

我和另外两位不怕蛇的，都想在发现地记录这条蛇，但它非常灵动，敏捷如闪电，在落叶和草丛中往来穿梭，完全不给我机会。我们各蹲一个角落，把它围住，后面还有人防它逃走。

它的速度逐渐慢了下来，从落叶堆里被人翻出来的惊恐少了许多，游到我的前面时足足有几十秒身体不动，只吐舌头。我抓住机会拍了一组。其他人就没这么幸运了，他们很友善，没有为难它，任由它缓慢地游进草丛，消失在黑暗中。

后来，我把照片发给重庆的罗键先生，他确认这是中国钝头蛇，四面山之前没有该物种的记录。

这是非常梦幻的一次夜探，找到的明星物种太多了。

几乎在同一个地方，相隔几年之后，我们又发现了大步甲。大步甲，长得孔武有力，像是古代的铠甲武士，喜欢夜间在草丛巡猎。大步甲被称为爬动的宝石，颜值高，极受昆虫爱好者喜欢。但是对于我这样只拍摄记录，不抓标本的人，接触到它们的机会实在太少了。就像这一只，只顾在草丛下面行走，完整的形象都不让我看到。还是几年前那次运气好，那只大步甲不知为什么，爬上了灌木，才给了我拍摄机会。

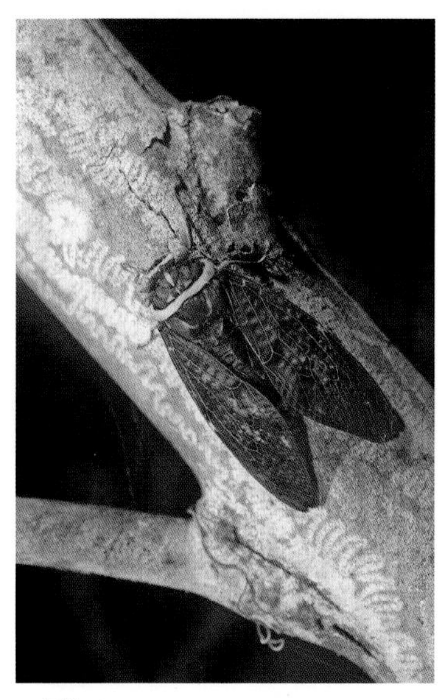
◆ 胡蝉

我们还发现了停在树干上休息的胡蝉、悬挂在树枝上的蜻蜓和蝴蝶，多数没法接近，我们观赏一会儿就转身离开了。

回到驻地，被我低估的八月底的灯诱，已经是一派盛大的景象，大小蛾类给每盏灯加上了一团昏黄的光晕，布上停满了各路宾客，统统带着“我是谁，我为什么在这里”的茫然。这些数十万年来依赖星月导航的昆虫，身不由己地掉进了人类灯光的陷阱。

◆ 黄翅眉锦斑蛾

◆ 阳彩臂金龟

虽然生命平等，但宾客的地位还是不一样的，大窝铺的昆虫明星阳彩臂金龟又一次光顾，理所当然地引起围观，这是我们在大窝铺第五次目击。阳彩臂金龟，1982 年时曾被宣布灭绝，然而，近十多年来，在全国各地都有发现，此珍稀物种也算社会性死亡后神奇地起死回生了。除了在大窝铺的多次发现，我和张巍巍还在海南岛的尖峰岭遭遇过灯诱时的“阳彩冰雹”——十多只阳彩臂金龟连续从空中砸下来，每一只都带着呼啸的声音，我不得不双手抱头以免中弹。

臂金龟家族的雄性都有着夸张的前足，像一对大镰刀在空中挥舞，十分威武，让敌人望而生畏。即使这样，它们的生存依然岌岌可危，因为整个生存环境在发生着剧烈的变化。如今，所有臂金龟都成了国家保护动物，它们在我国的存续有了更多的机会。

我花了些时间来记录蛾类，看大家仍在忙碌，我在晚上十一点就休息了，准备明天起个早，再享受一次清晨大窝铺由斜插进森林的光柱组成的美妙时刻。

但是第二天我没有去成那处森林，因为晨光中，我在灯诱点发现了很多值得仔细欣赏的物种。

挑一个我最喜欢的来说吧，在灯下的草丛里找到的那只蝶角蛉。蝶角蛉就像一只长着天线的蜻蜓，它们都有着醒目的复眼和两对翅膀。蝶角蛉是蚁蛉近亲，同属脉翅目，我国种类不多，而且只有两类：完眼蝶角蛉和裂眼蝶角蛉（主要区分是后者复眼上有一道横沟，有点像裂开成了两个半球）。

这一只正是完眼，我在野外碰到完眼家族的时候很少，总共只有两次，另一次是在贵州荔波县，所以格外心花怒放。我不敢碰它的翅膀，太娇弱了，容易留下指痕甚至捏伤。只有在旁边静静等着太阳升得更高，我想拍到有明亮背景的蝶角蛉照片，这才对得起它纤美的翅膀。当然，前提是光线足够时，它还没有飞走。

拍完后，我用过早餐，又去树林里逛了一圈回来，它还停留在原处。此时，可能它的体温起来了，翅膀完全展开欲飞，我赶紧又补拍了几张。

我们并没有直接驱车离开，而是约好了，在路上几个点停车。我

◆ 完眼蝶角蛉

◆ 线纹鼻蟌（雌）

◆ 线纹鼻蟌（雄）

◆ 匪夷捷弄蝶

◆ 玉杵带蛱蝶

◆ 玉带黛眼蝶

们称这种沿途搜索叫且战且退。

如果有人看到我们下车后的情形，一定以为我们有着严密的分工，有的在草丛里用抄网扫来扫去，有的在竹林里挖出一堆土来筛选，有的提着相机东看西看。没错，我就属于最后那组。我的目标主要是蝴蝶，当然，有蜻蜓什么的也不会放过。这半天我拍到六种蝴蝶，包括我个人首次看到的玉杵带蛱蝶——它的前翅中室有一白色棒状纹，形如玉杵，有没有觉得取名的人挺文艺的？

林缘的惊喜

从地图上看，苏湖林区的北边偏西，一直往下是云南省西双版纳州的勐海县城，而西边的山势也是缓缓向下，其间经历几个沟谷的过渡。其中一个沟谷，有一条重要的公路穿行而过，把勐海县城和西部的各个重要场镇特别是边境小镇打洛连接起来。

勐混 53 公里森林管护站，就在这个沟谷中。它的东边，承接着蔓延而下的无边际的雨林，其他几个方向，则是人们劳作的坡地。这个奇特的站名，

◆ 乌桕天蚕蛾

是因为它地处景洪市与边关小镇打洛的热线上，距景洪市 53 公里。

我是在雨季里来到这个森林管护站的，院内遍种鲜花，有园林花卉，也有本地的奇特物种如闭鞘姜，空地也收拾得整整齐齐，干干净净。

林缘从来是寻虫的好地方，也是搞灯诱的好地方。据我的观察，这个管护站虽在公路边，但是附近并无村寨，完全没有其他光源的干扰，灯诱的效果应该不错。

考虑到正处在雨季，灯只能委屈地挂在屋檐下，紧贴着雪白的墙壁。

八点钟以后，天色才暗下来，灯亮起来了，把周围的黑暗推出去很远。十多分钟后，就有东西上灯了，来的是一个大东西，身份显赫，它就是大名鼎鼎的冬青天蚕蛾。以面积而论，它是世界上最大的昆虫，所以它自然也是最大的鳞翅目种类，最大的蛾子。我特别喜欢看它的翅尖，犹如一个蛇头。科幻电影如果参考它的蛇头斑，用作外星人的图腾什么的，一定拉风极了。

这里还真是蛾子的天下，不一会儿，冬青天蚕蛾又来了两只，乌桕天蚕蛾来了三只，它们超大的翅膀在灯前扇动，十分壮观。之后，竟然一口气来了三种锦斑蛾，这让我很感意外。平时灯诱，锦斑蛾上灯并不常见，因为

◆ 冬青天蚕蛾

很多锦斑蛾是白天活动的，它们喜欢在蜜源植物上吸食。

然后，灯前就安静了下来，没什么特别的，螽斯和天牛什么，都是些常见昆虫。我趁这个空当，好好泡了壶茶，坐下来看书。夜深人静，数里之内仅闻虫鸣，我独自在一盏大灯下看书，绝无打扰，看一阵去灯下瞅瞅，又回来喝口茶，继续看，真是优哉游哉。

这个灯诱点就是个让人意外的地方，专来不该来的昆虫。午夜的时候，灯前又停了一只粉蝶、一只灰蜻，都是没有趋光性的昆虫，让我继续纳闷——难道是阵风惊动了附近的灌木林？

有点困了，闹钟设到两点，我回到房间倒头就睡。我身体也一定设好了一个闹钟，我醒的时候是两点差五分。这次到灯下检查，发现停满了各种蛾子。在蛾子堆里，我不死心地反复扫描，终于，从一只夜蛾翅膀旁，发现一个长鼻子的东西。中华鼻蜡蝉！如前所说，长鼻子蜡蝉系列是我最喜欢的家族。前几天在曼稿拍到两张，已觉得很幸运了。没想到，还有机会这样灯下观赏。只是，这小东西还上灯？真是没听说过。

第二天早晨，我起床的时候，发现护林员们都已经装备齐全，即将出

◆ 豹点锦斑蛾

◆ 褶缘螽

◆ 黑益蝽攻击蛾类幼虫

灯诱来的中华鼻蜡蝉

发，忙打听他们要去什么地方，问了一圈，发现这个护林所管辖的范围还很宽，有的地方车行加步行，不敢保证中午能回。我实际上可以支配的时间只有半天了，就挑了个最近的线路，正好是苏湖林区的西缘坡地和沟谷。

苏红站长专门请了一个护林员岩罕问陪我，我们开着车摇摇晃晃开上了土路。车行一公里左右，我们已身处一个山丘上，往前还可以继续上山。岩罕问建议我就在这里先看看，虽然不是平时巡山的步道，但他感觉很像我描述的适合寻找昆虫的地带。

这条步道估计行人罕至，荻草丛生，遮住了一半的路面。我们小心地前行，避开斜伸过来的荻叶，它的边缘锋利如刀，挂一下皮肤就会浸出一串小血珠，虽然好看，却很痛。

只走了几步，我就在荻草的杆上发现了一只从未见过的鹿蛾，精致的透翅，身体黄黑相间，看上去很讲究。但是它的位置却停得比较高，我虽然观察没问题，要拍下来却必须踮起脚尖再高举相机才够得着。这个姿势虽然不算费力，但要在踮脚尖的时候，远远地透过举出去的相机的目孔完成对焦再按快门，还真不容易。我每拍一两张，就要放松一下，深吸一口气，

◆ 鹿蛾

再踮起脚，高举相机。拍到相对满意的照片时，已浑身是汗。

岩罕问在旁边，很淡定地看着我。但是我给他看了照片后，他不淡定了，很兴奋：“啧啧，好看。”于是他开始两眼放光到处给我找昆虫。先找了几个，都是最常见的，鉴于他的热情，我也礼貌性地拍了一下。他很敏锐，一下就懂了，不再见虫就叫喊，只是瞪大眼睛四处寻找。

“李老师，这个你肯定喜欢”，他弯下腰，指着一根葛藤的茎干说。

我和之前一样，友好而礼貌地凑上去看。这一次对了，还真是很有观赏性的昆虫紫茎甲。全身漂亮的紫甲，在不同光线下能衍射出变化的颜色。它硕大的后足，还喜欢很风骚地高举在空中。很多昆虫爱好者都喜欢收集它的标本，有的甚至还饲养过它的幼虫。

有人把紫茎甲写为紫胫甲，可能以为它的名字是根据夸张的后足来的。这是一个误会。紫茎甲的得名，其实源于它的幼虫喜欢寄生在植物的茎干上。它特别喜欢的食物是葛藤，所以又被叫作葛虫。紫茎甲产卵于葛藤茎干上，幼虫从里面啃食，刺激葛藤不断长出增生并膨大，这又给幼虫提供了更多可口的食物和长大的空间。

◆ 竹斑蛾

◆ 交配中的沫蝉，岩罕问怎么也不肯相信它们这也是在交配

◆ 紫茎甲

◆ 雄性鸟喙象

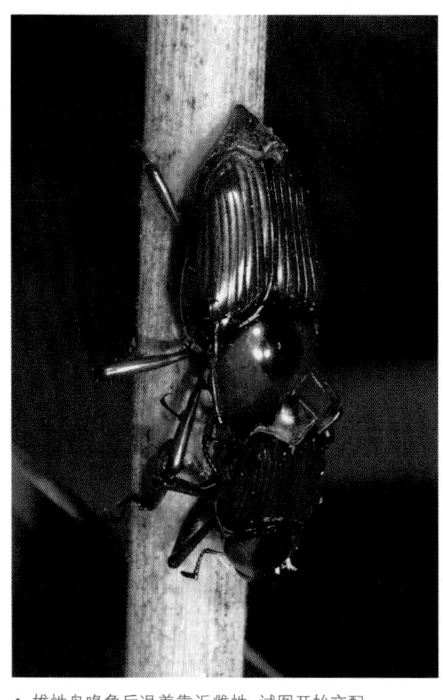

◆ 雄性鸟喙象后退着靠近雌性，试图开始交配

我和老佐在南糯山脚下吃饭时，一个哈尼族人就绘声绘色地讲过在葛藤膨大的茎干上能找出葛虫的幼虫，它又是如何美味等等，我当时微笑着问他，可曾见过葛虫的成虫？他茫然地摇了摇头。哈哈，还真是只管吃啊。

他肯定没有想到，葛虫的成虫，也就是紫茎甲，居然长得如此漂亮。

返程的时候，岩罕问又找到一对正在交配的鸟喙象，这种象甲酷似缩小版的竹象，当然色斑有些差别。虽然个子小，鸟喙象飞起来的时候声音还挺大，像有一个强壮有力的小马达

◆ 笔者和护林员们巡山归来合影

在你耳旁轰鸣。

见我很开心，岩罕问热情地邀请我找时间去他家所在的寨子拍昆虫，我问了一下大致环境，有溪流有森林，拍蝴蝶应该是个好地方，就答应了有机会去。

十月，我又去了一次这个管护站，去的时候已是下午，万代兰开得正好，苏红站长在旁边扫地，管护店更像一个花园了。

◆ 十月，苏洪站长的万代兰开花了

岩罕问又高兴地邀请我去他家寨子，可惜我是路过，只好约到下次了。有一个适合拍蝴蝶的寨子还没去拜访，就这么琢磨着，已经很有意思了。

南温泉寻蝶记

我还记得那是初夏的一个清晨，我开着车沿着光影斑斓的花溪河向着南温泉方向而去，向左转弯，再钻过一个涵洞，就来到花溪河上方的小桥上，闪着银质光芒的河水一下子涌入我的眼睛，真好看，如果不是怕妨碍其他车辆，我真想立即停车，俯身去仔细看一看晨光是如何勾勒着这条小河的身影的。

车停在了小泉，那时，那里还是个宾馆，整个院子一片清静，阳光穿过高大的香樟树后，变成一些发亮的小碎片，洒在我的车上和脸上。我一边使劲

◆ 清晨，河边的草丛上的蜉蝣

闻着香樟树的气味——这气味应该来自被踩碎的落叶，一边提着相机，在院子里查看了一圈。时间是八点，蝴蝶应该还在朝阳中晾晒翅膀吧，它们还需要阳光的充电完成后才能随意飞翔。几分钟后，我出现在通往南温泉公园的那条小道上。

虽然是周末，但这一天的中午前，我是必须要赶到樵坪去的，单位在那里有事。这一周早些时候，有个久未谋面的老友给我打了一个电话，声音很兴奋。

“听说你喜欢昆虫，我在南温泉看到一只蝴蝶，准确地说，应该是蝴蝶和蜻蜓杂交后产生的新品种，飞起来是蝴蝶，停下来是蜻蜓，你

◆ 美眼蛱蝶

◆ 短尾黄蟌（雄）

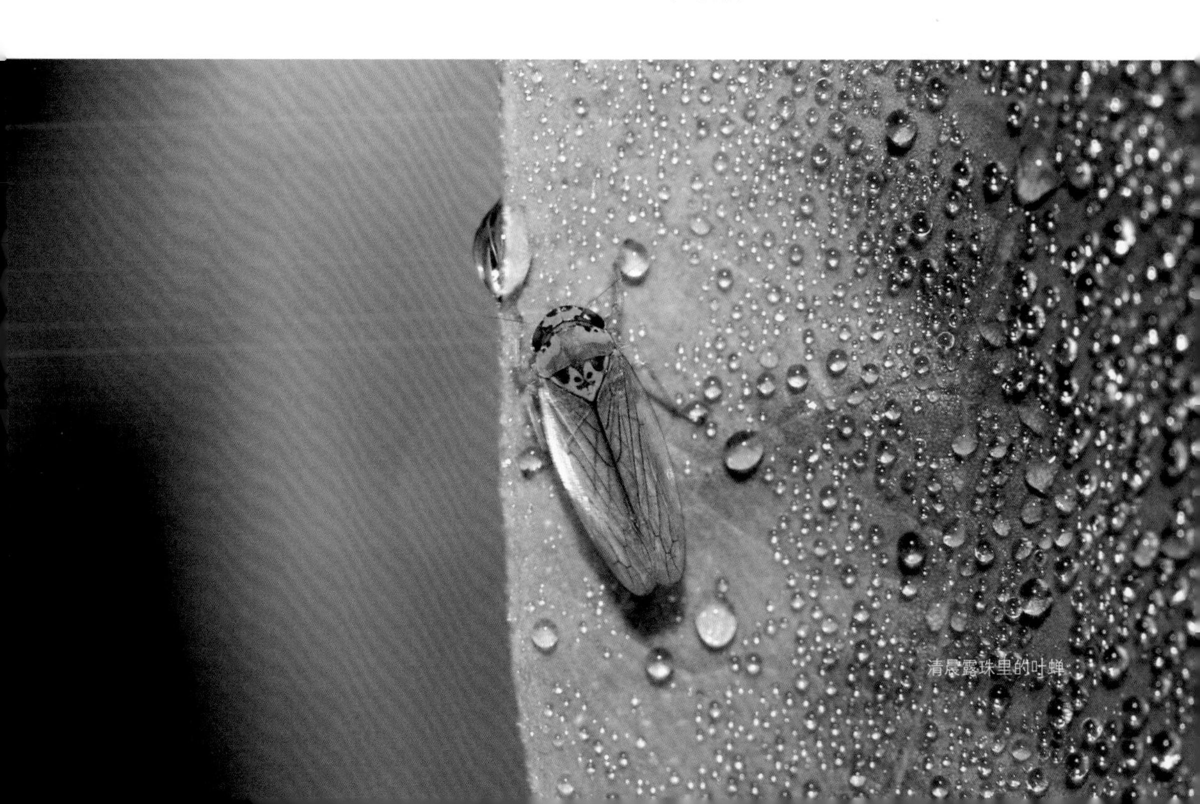

清晨露珠里的叶蝉

能给我说那是什么吗？”

“呃……为什么飞起来才是蝴蝶？”

“比蝴蝶小些，但翅膀是蝴蝶的黑翅膀啊。”

我听得心里咯噔了一下，这究竟是像蜻蜓的蝴蝶，还是像蝴蝶的蜻蜓呢？我在脑海里拼命搜查相关的资料，那个时候，互联网上的昆虫资料还非常有限，图片更是缺乏。我这个喜欢昆虫不到一年的人，还真答不上来这个问题。我唯一想到的，是不是朋友们拍到过的燕凤蝶呢，那是世界上最小的凤蝶，它们群飞的时候，很容易被路人们误认为是一堆蜻蜓。

难道重庆有燕凤蝶？激动的我查了一下最近的行程，发现一个时间空当，周末有天要上樵坪开会，如果起得早，可以有几个小时去寻找和拍摄这种黑蝴蝶。

走在小泉到南温泉公园这条熟悉的小路上，我发现，自己很难像在其他山路上那么专注地寻找蝴蝶，熟悉的景物扯动着太多的往事。

我想起有一次在小泉采访参会的老者，因为心急早到了两小时，又不

◆ 褐斑异痣螅

忍影响被访老者的午休，干脆拿一本书，在这条小路上一边散步一边闲读，《交叉花园的小径》就是这样读完的，那天有小雨，潮湿的小道和博尔赫斯笔下的小道略有交叉，还补充了小说里读不到的被踩碎的树叶发出的气味。直到，读到那一声枪响，毫无预兆的枪响，我走着的小路就像在这声枪响中突然被抽去了重量，变得糊涂和不现实。这就是我和其他的《交叉花园的小径》的读者的不同，一提到这篇小说，我能感觉到洒到脸上的雨、香樟树叶的气味以及花溪河水的反光。

◆ 小路很安静，一对斐豹蛱蝶选择在这里交配

◆ 锯带翠蛱蝶在重庆时常能见到

◆ 蛱蝶幼虫匆匆爬过危险地带

◆ 红基美凤蝶

再往前走，更多的场景就不这么清楚了。有学生时代我和同学们在花溪河泛舟的情景，有我刚参加工作时和棉纺厂的文学同好在公园里围坐畅谈的情景……至于飞泉，那更是太多画面了——我父母年轻时在那里留影，我自己童年时在那里留影，后来又带着儿子在那里留影，仿佛那里是时光的旋梯，是旋转上升时围绕着的一个中心点。

所以不同时期的南泉时光，不断地插入到我这个寻蝶人的行进中，让我有点恍惚，感觉自己不是来寻找那个像蜻蜓的蝴蝶，而是一个略带伤感的故人，独自回到了阔别已久的时代。

一只硕大的蝴蝶，被我的脚步惊起，从小路上飞了起来，只见它前翅黑后翅白，前翅基部还有一对精致的红斑，宛如黑衣白裙的贵妇，懒懒地盘旋在半空，似乎不屑和我这个冒失的闯入者理论，骄傲地越飞越高。这是红基美凤蝶啊！我有点懊恼，之前，还只是在人工饲养的环境里见过一只残破的美凤蝶，这么完整漂亮的，野外还是第一次见。要是我不是这么耽于往事，可能早就远远地发现它了，可惜！

蝴蝶才是能在不同的场景和时代来往翩飞的，江山多变，而掠过我们眼

◆ 草丛下找到一只弄蝶，后来才知道是比较罕见的珞弄蝶

◆ 点玄灰蝶

前的蝴蝶却和几千万年前一模一样，这精灵家族是地球的古老居民，早于人类，它们翩飞的时候，植物还处在进化的初级阶段，被子植物都没有出现，在没有繁花的地球上，蝴蝶们孤独地飞着，无花可恋。

这只红基美凤蝶把我彻底拉回到了现实中，现实就是，在南温泉这样的地方，当一个单纯的自然观察者，需要更集中的注意力和更大的内心定力。

我决定当一个假装不知道南温泉有着各种历史场景的人，假装自己是第一次到来，而且，只关心蝴蝶和野花。在这样调整和检讨之后，我恢复了在野外考察时的敏感，在一处溪水边，成功拍到一只点玄灰蝶、一只素饰蛱蝶。特别是这只素饰蛱蝶，有可能是羽化不久的，翅膀上的每一个细节都清新完美，后翅尾部的斑纹，宛如银线织就。之前见过越冬的同类，都很残破，靛青色都退成灰色了。

就这样拍着拍着，不知不觉进了南温泉公园，不知不觉已过了两个半小时，我拍到七种蝴蝶，还有一些野花和别的昆虫，收获满满。看看时间，该回去取车走了。

我这时才想起，我是为什么来的呀？那只长得像蜻蜓的蝴蝶？在惊喜连连的拍摄中，我完全忘记了用视线四处扫描这一特定的目标。

这个时候，已经是很难拍到蝴蝶的时间了，被阳光充好电的蝴蝶，早已在自己喜欢的潮湿地面吃饱喝足，它们在树梢上花朵间穿梭往来，连访花都很敷衍。如果熟悉这一带蝴蝶的每日巡回线路，找到有蜜源植物的合适节点去蹲守，还是有希望的。但是这一路上真还没发现这样的机会。

我突然想起，我那个朋友是在水边发现那种小蝴蝶的，而我这一路走过来，除了飞泉那一带，离水始终有点距离。我决定去小泉的回程，在靠近水的地方仔细观察一下，其他地方就快速通过。

主意既定，我快步赶路，凡有机会接近水边，就走过去看看。再次路过飞泉时，我放慢了脚步，特别仔细地在水面和岸边来回扫描。飞泉水声轰鸣，飞沫中有类似于彩虹的光斑，我刚才是担心相机被水打湿，匆匆而过，这一次，我连水雾中的每一处都没放过，生怕错过了目标。

突然，就在飞沫的边缘，我看见一对黑翅膀忽闪忽闪，一只蝴蝶仿佛不是从岸边某处，而是从彩虹中飞了出来，离我 20 或 30 米。我盯着它的飞行，

◆ 素饰蛱蝶

看它缓缓地停在了崖边的灌木上，才轻手轻脚地慢慢靠近。20 米、15 米、10 米、5 米。那个小东西逐渐清晰地出现在我的视线里，我看清楚了，这哪里是燕凤蝶，分明是一只豆娘，但是比我之前拍到的所有豆娘都要大。

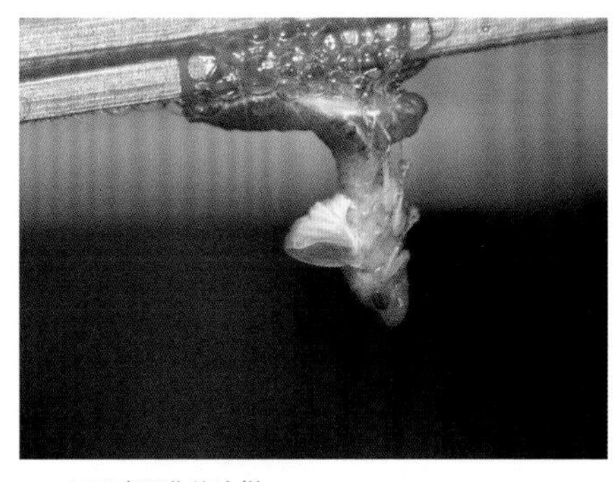
◆ 一只正在羽化的沫蝉

就在此时，这只硕大的豆娘警惕地飞起来，到了更高的地方稳稳地停住，头朝着我，似乎在居高临下地观察我。

原来在我们无数次来过的南温泉，还居住着这样的带着仙气的物种，它们才是花溪河的真正主人，只是盲目的我们对它们一无所知。

这是我第一次在野外遭遇豆娘，后来我才知道这种豆娘的名字：透顶单脉色蟌。它有着金属的光泽，接近黑色的翅膀。它飞起来的时候，蓝黑色的翅膀忽闪忽闪，远远看去，确实有点像蝴蝶。

◆ 后来，我就经常见到这神奇的豆娘：透顶单脉色蟌

螳螂举起一对利刃，示意我赶紧从草丛中退出